国家社会科学基金项目（20BZX132）

中日建筑意象差异比较研究

刘灵芝⊙著

中国建筑工业出版社

图书在版编目（CIP）数据

中日建筑意象差异比较研究 / 刘灵芝著. —北京：
中国建筑工业出版社，2022.9（2023.12 重印）
ISBN 978-7-112-27558-8

Ⅰ.①中… Ⅱ.①刘… Ⅲ.①建筑艺术—对比研究—
中国、日本 Ⅳ.①TU-8

中国版本图书馆CIP数据核字（2022）第112561号

本书共由8章构成，主要分作两个部分。第一部分以理论为主，主要探究异文化间建筑外观意象以及该意象的认知和评价方法；第二部分以实践为主，对中日建筑外观特征的差异进行了比较与分析。

本书可供广大建筑师、建筑历史与理论工作者、高等建筑院校建筑学专业师生学习参考。

责任编辑：吴宇江　陈夕涛
版式设计：锋尚设计
责任校对：董　楠

中日建筑意象差异比较研究
刘灵芝　著
*
中国建筑工业出版社出版、发行（北京海淀三里河路9号）
各地新华书店、建筑书店经销
北京锋尚制版有限公司制版
北京中科印刷有限公司印刷
*
开本：787毫米×1092毫米　1/16　印张：8　字数：180千字
2022年12月第一版　2023年12月第二次印刷
定价：**35.00** 元
ISBN 978-7-112-27558-8
（39725）

目　录

第 4 章

中日传统建筑
外观意象比较

第5章

中日近代建筑
外观意象比较

第6章

中日现代建筑
外观意象比较

第 **7** 章

中日建筑外观
各时代的风格
比较考察

第 **8** 章

结论

第 1 章

缘起

1.1 研究背景

自古以来，世界各地错综复杂的气候、环境、习惯以及历史发展孕育出各自独特的文化。其中，建筑作为文化的重要载体在适应不同的自然和社会环境的同时，背负着深刻的文化印迹和浓厚的人文精神要素。建筑作为文化的记忆装置，通过漫长的历史持续积累着地域和时代的特征，用其独特的方式表达文化个性、传承文化核心。

古代各个地域的异文化交流由于交通的不便利、信息传播的不完善，其过程必然是缓慢的，也正因为如此人们能够细细品味、慢慢咀嚼不同文化背景下的特征和价值观，这对于作为文化交流最重要的目的之一的相互理解有着促进和推动作用。进入近代之后，国际文化交流一方面在媒体的推动下变得日益繁盛，另一方面过多过快的单方向信息让人们没有充裕的时间去相互理解，以至于相互交流无法充分。各地长期积累的固有的传统和民俗价值观因为这些因素而发生歪曲、甚至丧失，最终对文化传承造成巨大的伤害。与此同时，民族、地域的特征也随着时代的变化而变化。受工业革命的影响，近代的建筑文化常常带有"西方优势"的印记，国际风格的现代主义建筑成为一种潮流并席卷全世界。随着急剧扩大的全球化发展的影响，作为文化表皮的建筑外观的"单一性"和"同质化"的趋势日渐突出，各地域的建筑个性和特征愈发难以分辨。

而这全球化背景下的建筑的趋同现象也让越来越多的人，特别是建筑师感到建筑未必应该发展为人类的经验、思想统一的产物，正如后现代主义那样，建筑可以是民族共存的、文化多样的或是个性特征的体现。为此，对各地域的特征个性的再整理、再构筑的重要性也日渐受到关注。在全球化的今天，伴随并回应全球化挑战而凸显的地域化、本土化和异质化复兴与重构的过程尤其需要重视，解读整理通过直觉而评价得出的地域的或是民族的建筑特征，揭示其包含的微妙却本质的差异，对于阐明地域、民族的建筑个性具有举足轻重的意义。

日本文化深受中国传统文化的影响，并以此为基础逐渐成长起来。在亚洲这一格局之中，日本被认为是具有与中国相似特质的国家。进入近代以来中日两国先后接触并经历了西化，两国的传统建筑受到西方文化与技术的强烈冲击和影响。日本在与中国保持紧密交流的同时逐渐孕育出独特的个性，在历史洗礼下，中日两国各自拥有独特的中国特色和日本特色。可以说，在漫长的中日文化交流历史中，两国既有相似的特质，又有诸多差异。比较中日两国传统，以及近代和现代建筑的外观意象，能够在相似的特征中发现细微却重要的差异。在全球化的发展背景下，文化、价值的多样性也日趋受到重视的今天，这种关于差异评价的研究颇具意义。

1.2　研究目的

随着全球化影响的迅速扩大，虽然异文化间的差异日趋难辨，但是或多或少还是以某种形式体现在建筑表层。本书旨在整理表现不同建筑特色的要素、探讨其建筑意象和言语的关系，建构建筑意象的认知过程，并根据词语表达进一步构建意象阶层构造模型，提出与意象认知相关的分析和评价方法，并将以上的研究理论运用于中日建筑比较。从相对拥有共同历史基础又存在诸多差异的中日传统建筑外观意象的比较出发，进一步关注差异逐渐模糊的中日两国的近现代建筑的外观意象，关注人们从建筑外观感受到的意象以及认知和认知形成的过程。通过对中日两国大学生和留学生实施建筑外观意象的心理实验，探究中日两国年轻人心中的"中国的"和"日本的"的建筑外观特征，并判断这些特征的决定性要素。通过比较中日两国传统、近代、现代建筑，尝试从相似的建筑外观的"共通性"中挖掘出细微而重要的两国的"异质性"。

1.3　研究构成

本研究共由8个章节构成，主要分成两个部分。第一部分以理论为主，主要分析探讨异文化间的建筑外观意象以及该意象的认知和评价方法。第二部分作为第一部分中提出的认知以及评价方法的尝试与验证，对中日建筑外观特征的差异进行了比较与分析。以下是各章内容的简单概括。

第1章作为缘起，阐述研究背景，论述研究目的，指明研究构成。

第2章对以往相关的中日双方的研究进行了全面的调查和整理。梳理了建筑空间以及外观的心理评价的主要研究方式，整理至今与城市规划相关的建筑群的外部空间、单体建筑空间以及异文化间的空间相关的研究成果，发现了一些不足，并明确了"空间的研究"的定义和研究体系，概述了相关研究动向。

第3章从理论方面展开对异文化间的建筑外观意象以及对该意象的认知、评价方法进行讨论，整理了由异文化产生的表现建筑"个性"的要素，并且探讨了意象与言语之间的关系，建构了建筑意象的认知过程模型以及由形容词构成的意象阶层构造模型，提出了多种关于意象认识的分析和评价方法。

第4章进入具体的异文化间的比较。首先以相对差异较大的中日传统建筑外观意象为对象，以中日两国大学生为代表进行了心理实验，结合实验结果采用因子分析和在第3章中提出的评价方法进行了分析和考察，成功获得了最能表达"中国的"和"日本的"的因子和形容词对。解锁了中日两国大学生在认识本国建筑和他国建筑"个性"的形成过程中相同的关注点，揭示了根据形容词对构筑的意象阶层构造模型在认知"个性"时，其意象层内部的思维方式的差异。

第5章对受西方文明影响后相互之间的差异逐渐暧昧模糊的中日近代建筑外观意象进行了比较。具体进行了两个阶段的中日大学生心理实验，并采用第3章的评价方法进行了解析。获得了表达中日近代建筑第一意象的形容词对，明确了认知建筑"个性"时的意象层的思维方式的差异，以及各区间的建筑"个性"的表达强度及判别"个性"难易度的差异。

第6章着眼于差异性愈发减少的现代中日建筑，对中日大学生分别进行了两个阶段的心理实验，运用第3章论述的典型相关分析，提炼出中日现代建筑的微妙差异。成功掌握了表达中日现代建筑意象的词语和建筑部位及要素，明确了"中国的"和"日本的"的词语和建筑部位及要素，并探讨了这两者的相关性。

第7章整理总结了第4章～第6章得出的结果，揭示了中日建筑在各个时代的建筑外观意象，以及这些意象特性的变化过程。

第8章总体概括了研究成果，论述了今后的研究课题。

综上所述，本书成功抽取了中日建筑外观特征的异同，在阐明体现地域民族个性的异文化间的意象本质区别的同时，针对那些很难提炼差异性的对象提出了相应的研究分析和评价方法。

第 2 章

既往的日本的建筑空间研究

2.1 何谓"空间的研究"

大约40年前，日本在建筑设计和城乡规划的研究领域开始出现了关于建筑空间的研究，至今已经取得了诸多成果。日本建筑学会建筑设计委员会空间研究小委员会相继出版了5本系列丛书，分别是《建筑和城市设计的调查分析方法》（1987年）、《建筑和城市设计的空间学》（1990年）、《建筑和城市设计的模型分析方法》（1992年）、《建筑和城市设计的空间学事典》（1996年）、《建筑和城市设计的空间计划学》（2002年）[1-5]，丛书中系统地探讨了建筑设计以及空间研究的方法和方式。其中将"空间的研究"作为客观的"物理的空间"，侧重研究人们是如何认知和评价空间的，是否与具体的人的行动相关联。在这层面上的关于空间的研究也可以称为"心理的空间"。所以说，"空间的研究"不只是讨论空间，还有从使用者的角度来评价空间。

2.2 建筑空间心理评价的相关研究

日本学者们从各种视角对建筑空间的心理评价进行了研究。建筑和街道作为城市乡村的重要组成部分常常被人们认知和评价。这些认识和评价又会影响建筑和街道的规划与设计，因此在城市和建筑设计中，建筑师和学者开始重视心理量分析和物理量分析以及两者的相关性研究。其中，由于心理评价与明确人们是如何评价建筑空间密切相关，因此早期主要采用了环境心理学的研究方法。在研究建筑意象方面，许多研究使用了SD法（语义学解析法）和因子分析等评价方法。研究对象主要涉及城市和建筑设计方向的"街道空间、参道①空间、茶室/书院空间、住宅"，以及"建筑立面、景观、剧场/大厅和医院"等相关方面。

本章的文献调查主要以"空间的研究"最为繁盛的1980年开始的日本建筑学会会刊《日本建筑学会计画系论文集》为中心，进行整理分类分析研究，全面概括了日本国内的既往研究。

---

① 参道，行人参拜观光用的道路。

2.2.1 建筑群的空间研究（外部空间）

1．关于居住环境

作为建筑空间心理量分析的先驱研究，久野[6-8]进行了关于居住环境的居民意识调查，并对调查结果进行了因子分析和MSA（Multiple Scalogram analysis）的扩张分析，对居住环境进行了细分，明确了区域间的构造共通性。

2．关于街道空间

船越、积田[9-14]关注构成街道空间的建筑物的各种空间构成要素与由空间酝酿、产生、传播的街道氛围之间的关系，首先，通过使用全景照片展现街道空间的氛围，并采用SD法对其进行定量的心理量分析；其次，对街道单位长度内的绿化、建筑物、步行者等实际的物理特性值的构成要素的数量进行了整理；最后，采用多元回归分析通过数据模型的方式阐明了两者的相关关系，并且探讨了提取街道空间给人留下深刻印象以及赋予特征的固有要素的方法，分析了街道空间的"图"与"底"的关系。此外，作为街道空间研究的延展，伴随着城市再开发，还以城市综合体为对象[15-18]，通过现场实测和心理实验，量化了空间构成，并利用计算机图形（CG）等立体模型的方式尝试探讨城市综合体的立体构成的评价构造。

冈岛等人[19-21]对构成日本传统街景空间的形状、颜色等要素对空间意象的影响进行了研究，对8个日本传统街景的实际空间和CRT图像的意象进行了实验，提取分类了其景观构成的要素。证明了CRT图像可以用于传统街道的空间设计和城市景观更新设计的方案制定。

槙、乾等人[22-25]主要关注街道景观评价中的个人差异，运用评价网格法、凯利方格法（Kelly Repertory Grid Technique，简称RGT）提取评价项目与作为街道景观综合评价的"喜好度"两者之间的关联度，进而提出了评价结构模型（Card Pick up Model）。其中，还指出根据实验对象的平均评定值得出的平均评价结构不能说明个人的评价结构，存在个人评价差异的可能。

3．关于参道空间

船越等人[26-27]20多年来在参道空间研究中引入了"分节点"这一概念，在分析了分节点的构成要素之后，对参道两侧进行连续摄影、写生以及实测调查，计算出其物理量，同时通过SD法对参道空间进行心理量分析。此外，还尝试通过物理序列和心理序列对参道空间进行类型化。

4．关于大学校园空间

宫本、谷口等人[28-34]以介于一般城市街道和居住区之间的具有中间性格的大学校园内的外部空间为对象，采用根据视频图像直接用词语表达的形式，采用多次元尺度法分析其空间的意象结构，并关注建筑群的体量形态，设定其物理量，在明确物理特征的基础上阐明其与意象结构的相关性。

5．关于住宅社区空间

松本、谷口等人[35-44]数十年来以由多幢住宅构成的居住区外部空间为对象，首先从住宅外部空间的模型出发，探讨了模型实验的有用性。其次，通过建筑群构成类型的变化阐明了其给人带来的视觉效果的变化，并从人的视角去尝试究明空间意象和其构成空间的物质要素之间的关系，并进一步结合模型化的建筑群，探讨由两栋或者三栋住宅楼围合的室外空间的心理性特征。

2.2.2　建筑空间的研究

1．住宅形象的意象性

坂本等人[45-56]关注研究建筑形象的感觉性意象、建筑的概念性意象以及与居住相关的嗜好性意象，通过SD法、自由联想法等调查方法对住宅的建筑造型所表达的建筑意象进行了问卷调查。对调查结果运用因子分析、三相因子分析等方法进行定量解析和考察，在寻求作为住宅建筑造型的建筑图像的类型化的同时，阐明了住宅这一类建筑所拥有的图像的性格、意义等内容。

2．日本传统建筑空间

冈岛等人[57-60]以平安时代到江户时代的日本传统建筑为研究对象，通过"华—寂"和"刚—柔"两组汉字的阶段评定来量化建筑空间的意象，并根据将与空间意象的唤起相关联的建筑空间的构成部位作为知觉特征，区分以形态为中心的部位和表面性状为中心的部位，考察其与空间意象的关联度，解明了日本传统建筑的空间特性。此外，还以日本最古老的建筑样式之一的式年迁宫——伊势神宫建筑为对象，将其竣工与竣工数十年后进行比较，探索经年变化后的建筑空间意象特性的类似点和相异性[61]。

2.2.3　建筑内部空间的研究

关于室内空间，赞井、乾等人[62-64]在个人建构理论的基础上从意识构造的类似性出发对实验参与者进行分类，并运用评价网格法、凯利方格法（Kelly Repertory Grid Technique，简称RGT）对个人差异性进行了探讨。对于评价样本的室内环境，根据实验参与者的采访来整理评价对象的认知构造，从重视个人差异的理论方面，该研究取得了重大的成果。另外，该评价网格法也被运用于街道景观"喜好度"的研究。

2.3 异文化间的比较研究

上一节主要概括了日本关于评价建筑空间的研究情况。在影响建筑空间评价的诸要素中，关于评价者的个人差异，赞井等人[62-64]是这样描述的：对街道景观、居住环境的评价产生个人差异不仅仅是因为每个人的思考方式不同，出生国不同、成长环境不同也会影响实验参与者的经验，在其认知构造形成的过程中也会出现差异。由此可见，在不同的国家接受不同的教育也会对评价产生影响，因此，探讨实验参与者的出生国家间的评价差异以及产生的原因是非常有必要的。

本节主要进行了两个方面的文献调查，一是对因文化相似性低而评价倾向共通性较低的欧美为代表的西方文化圈和中日为代表的东亚文化圈进行的比较评价，二是以居住在日本但出生在不同东亚国家的人群为调查对象，对自然景观、街道景观、庭园、传统建筑以及河川景观等，进行比较评价。

2.3.1 东西文化间的比较

在西方，历史的、传统的文化差异被认为是左右对美的感受以及审美评价的主要因素，因此比起异文化间的共同性更强调差异性。

Yang和Brown[65]以韩国人和韩国的欧美游客为实验对象，对西式、韩式以及日式三个种类共计40个庭园进行5级评价。对实验结果进行分散分析后发现，两类实验参与者都最喜欢日式庭园，韩国人的第二喜好是西式，欧美游客的第二喜好则是韩式。由此可见，实验参与者有可能更喜欢与自身文化背景不同的庭院。

Nasar[66]以日本和美国的大学生为实验参与者，选取日本和美国各4个城市共计8个城市的主要街道，以动画和速写的方式再现其街道景观，对其进行评价。另外，Yu[67]以中国的公园景观为研究对象，对中国和美国专家进行了实验，探讨两国人的评价的差异。

2.3.2 关于日本的异文化的比较

1. 日本庭园

铃木等人[68]以7种日本庭园为对象，对现场的外国和日本游客进行了问卷调查，因子分析结果显示，对于日本庭园的印象，外国人的评价是"华丽的""明亮的""灵动的"，而日本人的评价则是"朴素的""昏暗的""安静的"。另外还发现外国人关注的重点是水景，而日本人关注的重点是山石的布置。

杉尾[69]对新西兰人和日本人的住宅庭园景观进行了比较，日本人从"多彩的"和"华丽的"的评价中发现共性，而新西兰人则把"有趣的"作为评价的基准。前者是语言意义空间构造的不同，后者则是文化视角上的差异。

2．关于日本、韩国、台湾的传统建筑

冈岛、金等人[70-73]围绕古老的汉字文化圈派生发展的韩国和台湾的传统建筑外观的意象特性，对日韩两国的大学生进行了问卷调查，根据对28个形容词对的主因子分析，提炼出表现构筑建筑意象的4对汉字组"华—寂""严—笑""刚—柔""整—杂"，通过相关统计方法对这4对汉字组量化。尝试以4对汉字组为指标将建筑物部位和要素类型化，并融合文化背景，比较和考察建筑外观意象的共通点和相异点，但遗憾的是，该研究没能对作为汉字文化圈原点的中国传统建筑进行比较探讨。

3．关于日本、英国、中国河川景观

金、西名等人[74-78]首先对在日留学生进行了关于绿化环境景观的评价调查，从生活环境评价、与绿化环境的关联性出发对这些评价进行了分析。从中发现出生国的社会文化背景以及自然环境情况都会对其产生影响。接着，对侨居英国、日本、中国的人进行了实验，从他们对国内外河川景观的评价结果出发，对景观的物理特性和心理评价进行了分析。其中，在景观认知评价时发现作为视知觉的心理反应的眼球运动，不同国家出生的人所关注的特性有所差异。

2.4　小结

通过整理日本"空间的研究"的既往研究成果，得出以下3点概括。

（1）关于"空间的研究"的建筑、城市设计的相关研究，虽其研究的视点各不相同，但总体可归类为建筑的心理评价、建筑的物理特性，以及建筑心理评价与物理特性关联性的研究。

（2）关于心理评价的评价方法，主要运用了环境心理学的相关方法。其中，经常使用的是SD法和因子分析，以及重视个人差别的评价网格法、凯利方格法等，并在继续发展。

（3）虽然异文化间的比较研究有一定的进展，但是关于物理的特性与心理的评价之间关联性的研究还相对较少。

本章参考文献

[1] 日本建築学会編：建築・都市計画のための調査・分析方法，井上書院，1987.

[2] 日本建築学会編：建築・都市計画のための空間学，井上書院，1990.

[3] 日本建築学会編：建築・都市計画のためのモデル分析の手法，井上書院，1992.

[4] 日本建築学会編：建築・都市計画のための空間学事典，井上書院，pp.52，1996.

[5] 日本建築学会編：建築・都市計画のための空間計画学，井上書院，pp.9，2002.

[6] 久野覚：因子分析による住民意識の構造分析　居住環境に対する住民意識の構造に関する研究—第1報，日本建築学会論文報告集，No.334，pp.109–116，1983.12.

[7] 久野覚，岡垣晃：居住環境に対する住民の評価回答の安定性に関する研究，日本建築学会論文報告集，No.336，pp.84–91，1984.2.

[8] 久野覚：ＭＳＡの拡張分析による住民意識の構造分析　居住環境に対する住民意識の構造に関する研究—第2報，日本建築学会計画系論文報告集，No.347，pp.21–27，1985.1.

[9] 船越　徹，積田　洋：街路空間における空間意識の分析（心理量分析）—街路空間の研究（その1）—，日本建築学会論文報告集，No.327，pp.100–107，1983.9.

[10] 船越　徹，積田　洋：街路空間における空間構成要素の分析（物理量分析）—街路空間の研究（その2）—，日本建築学会論文報告集，No.364，pp.102–111，1986.6.

[11] 船越　徹，積田　洋：街路空間における空間意識と空間構成要素との相関関係の分析（相関分析）—街路空間の研究（その3）—，日本建築学会論文報告集，No.378，pp.49–57，1987.8.

[12] 積田　洋：町並みの「ゆらぎ」の物理量分析—街路景観の「ゆらぎ」の研究（その1）—，日本建築学会計画系論文集第542号，2001.4.

[13] 積田　洋：心理量分析と指摘量分析による街路空間の「図」と「地」の分析—街路の空間構造の研究（その1）—，日本建築学会計画系論文集，No.554，pp.189–196，2002.4.

[14] 積田　洋：外部空間の構造をとらえる—街路空間の図と地，日本建築学会編：建築・都市計画のための空間計画学，井上書院，pp.14–25，2002.5.

[15] 積田　洋：都市的オープンスペースの空間意識と物理構成との相関に関する研究，日本建築学会計画系論文報告集，No.451，pp.145–154，1993.9.

[16] 積田　洋，廣野勝利：アーバンコンプレックスにおける空間意識と空間構成要素の相関分析—アーバンコンプレックスの研究（その1）—，日本建築学会計画系論文集，No.557，pp.203–211，2002.7.

[17] 積田　洋，廣野勝利：ＣＧモデルを用いたアーバンコンプレックスの立体構成の分析—複合建築群の評価構造の研究（その1）—，日本建築学会計画系論文集，No.559，pp.171–178，2002.9.

[18] 廣野勝利，積田　洋：〈指摘法〉〈情報理論〉によるアーバンコンプレックスの「図」と「地」の構成と多様性に関する分析—アーバンコンプレックスの研究（その2）—，日本建築学会計画系論文集，No.565，pp.175–182，2003.3.

[19] 岡島達雄，渡辺勝彦，小西啓之，菊池真二，若山　滋，内藤　昌：街並みのイメージ分析—日本伝統的街並みにおける空間特性（その1）—，日本建築学会計画系論文集，No.379，pp.123–128，1987.9.

[20] 岡島達雄，渡辺勝彦，小西啓之，菊池真二，野田勝久，若山　滋，内藤　昌：景観構成要素とその景観評価への影響—日本伝統的街並みにおける空間特性（その2）—，日本建築学会計画系論文集，No.383，pp.134–140，1989.1.

[21] 岡島達雄，若山　滋，小西啓之，渡辺勝夫，内藤　昌：景観構成要素とイメージとの関係（定性的分析）—日本伝統的街並みにおける空間特性（その3）—，日本建築学会計画系論文集，No.399，pp.93–101，1989.5.

[22] 槙　究，乾　正雄，中村芳樹：街路景観の評価構造の安定性，日本建築学会計画系論文集，No.458，pp.27–33，1994.4.

[23] 槙　究，乾　正雄，中村芳樹：評価項目が街路景観評価に及ぼす影響，日本建築学会計画系論文集，No.468，pp.27-36，1995.2.

[24] 槙　究，乾　正雄，中村芳樹：街路景観評価の個人差について，日本建築学会計画系論文集，No.483，pp.55-62，1996.5.

[25] 槙　究，乾　正雄，中村芳樹：街路景観の評価構造モデル　カードピックアップ・モデルの提案，日本建築学会環境系論文集，No.568，pp.95-102，2003.6.

[26] 船越　徹，積田　洋，清水美佐子：参道空間の分節と空間構成要素の分析（分節点分析・物理量分析）―参道空間の研究（その1）―，日本建築学会計画系論文報告集，No.384，pp.53-62，1988.2.

[27] 船越　徹：参道空間の演出を読む―分節とシークエンス，日本建築学会編：建築・都市計画のための空間学，井上書院，pp.158-173，1990.11.

[28] 宮本文人，谷口汎邦：大学キャンパスの建築外部空間における意味次元とその安定性について―大学キャンパスにおける建築外部空間の構成計画に関する研究　その1―，日本建築学会計画系論文報告集，No.348，pp.27-37，1985.2.

[29] 宮本文人，谷口汎邦：大学キャンパスの建築外部空間における意味構造について―大学キャンパスにおける建築外部空間の構成計画に関する研究　その2―，日本建築学会計画系論文報告集，No.358，pp.52-63，1985.12.

[30] 宮本文人，谷口汎邦，山口勝巳：大学キャンパスにおいて2棟の建物が構成する外部空間の物的属性について―大学キャンパスにおける建築外部空間の構成計画に関する研究　その3，日本建築学会計画系論文報告集，No.364，pp.112-122，1986.6.

[31] 谷口汎邦，宮本文人：大学キャンパスにおいて建築群が構成する囲み空間の物的属性について―大学キャンパスにおける建築外部空間の構成計画に関する研究　その4―，日本建築学会計画系論文報告集，No.381，pp.63-73，1987.11.

[32] 谷口汎邦，宮本文人：建築群が構成する囲み空間の物理的特性について―大学キャンパスにおける建築外部空間の構成計画に関する研究　その5―，日本建築学会計画系論文報告集，No.429，pp.83-92，1991.11.

[33] 谷口汎邦，宮本文人，菅野　寛：建築群が構成する囲み空間の物理的特性と視覚的意味について―大学キャンパスにおける建築外部空間の構成計画に関する研究　その6―，日本建築学会計画系論文報告集，No.451，pp.155-165，1993.9.

[34] 宮本文人：環境の意味をとらえる―キャンパスの外部空間構成，日本建築学会編：建築・都市計画のための空間学，井上書院，pp.90-102，1990.11.

[35] 谷口汎邦，松本直司：住宅地における建築群の空間構成と視覚的効果について―建築群の空間構成計画に関する研究・その1―，日本建築学会論文報告集，No.280，pp.151-160，1979.6.

[36] 谷口汎邦，松本直司：住宅地における建築群の空間構成と視空間評価予測に関する研究―建築群の空間構成計画に関する研究・その2―，日本建築学会論文報告集，No.281，pp.129-137，1979.7.

[37] 松本直司，谷口汎邦：住宅地における建築群の空間構成の類型化とその視覚的効果―建築群の空間構成計画に関する研究・その3―，日本建築学会論文報告集，No.316，pp.99-105，1982.6.

[38] 松本直司，谷口汎邦：住宅地における建築群の空間構成の変化と視覚的効果について―建築群の空間構成計画に関する研究・その4―，日本建築学会論文報告集，No.346，pp.143-151，1984.6.

[39] 松本直司，久野敬一郎，谷口汎邦，山下恭弘，瀬田恵之：空間知覚評価メディア（シミュレータ）の開発―建築群の空間構成計画に関する研究・その5―，日本建築学会計画系論文報告集，No.403，pp.43-51，1989.9.

[40] 松本直司，山本誠治，山下恭弘，瀬田恵之，谷口汎邦：模型空間知覚評価メディア（シミュレータ）の有効性―建築群の空間構成計画に関する研究・その6―，日本建築学会計画系論文報告集，No.432，pp.89-97，1992.2.

[41] 松本直司，佐々木太郎，谷口汎邦：二棟平行配置空間の視覚的まとまりについて―建築群の空間構成計画に関する研究・その7―，日本建築学会計画系論文報告集，No.446，pp.111-118，1993.4.

[42] 松本直司，野田喜之，張　奕文，谷口汎邦：二棟・三棟配置の空間構成における建物まわりの視覚評価予測―建築群の空間構成計画に関する研究・その8―，日本建築学会計画系論文集，No.456，pp.153-162，1994.2.

[43] 松本直司，冨田剛史，谷口汎邦：建物高さ・長さおよび視点高さが異なる場合の二棟平行配置空間の視覚的まとまり―建築群の空間構成計画に関する研究・その9―，日本建築学会計画系論文集，No.470, pp.131-138, 1995.4.

[44] 松本直司：縮尺模型で実験する―住棟の配置構成，日本建築学会編：建築・都市計画のための空間学，井上書院，pp.103-117, 1990.11.

[45] 坂本一成，遠藤信行：建築の形象での図像性に関する研究―第1報　住宅外形における感覚的イメージ―，日本建築学会計画系論文報告集，No.351, pp.64-72, 1985.5.

[46] 坂本一成，遠藤信行：建築の形象での図像性に関する研究―第2報　住宅外形における＜家＞＜建築＞＜住みたい＞＜住みたくない＞かたち―，日本建築学会計画系論文報告集，No.356, pp.68-78, 1985.10.

[47] 坂本一成，遠藤信行：建築の形象での図像性に関する研究―第3報　住宅外形における類―，日本建築学会計画系論文報告集，No.358, pp.90-98, 1985.12.

[48] 坂本一成，遠藤信行：建築の形象での図像性に関する研究―第4報　住宅外形における類の構造―，日本建築学会計画系論文報告集，No.361, pp.96-104, 1986.3.

[49] 坂本一成，西山秀志：言葉による住宅外形のイメージ―その1　建築の形象での図像性に関する研究―，日本建築学会計画系論文報告集，No.363, pp.104-114, 1986.5.

[50] 坂本一成，西山秀志，岩岡竜夫：言葉による住宅外形のイメージ―その2　建築の形象での図像性に関する研究―，日本建築学会計画系論文報告集，No.370, pp.78-88, 1986.12.

[51] 坂本一成，青山恭之，岩岡竜夫：＜家＞と＜建築＞の外形における平面図形（シルエット）的イメージ―建築の形象での図像性に関する研究―，日本建築学会計画系論文報告集，No.369, pp.93-102, 1986.11.

[52] 坂本一成，岩岡竜夫：図示された＜家＞と＜建築＞のイメージ―建築の形象での図像性に関する研究―，日本建築学会計画系論文報告集，No.372, pp.111-118, 1987.2.

[53] 岩岡竜夫，坂本一成：住宅外形におけるイメージの類の関係―建築の形象での図像性に関する研究―，日本建築学会計画系論文報告集，No.385, pp.129-137, 1988.3.

[54] 岩岡竜夫，坂本一成：住宅外形と＜家＞＜建築＞のイメージ―建築の形象での図像性に関する研究―，日本建築学会計画系論文報告集，No.402, pp.97-106, 1989.8.

[55] 岩岡竜夫，坂本一成：商品化住宅の外形における図象的イメージ―現代建築の意匠性に関する研究―，日本建築学会計画系論文報告集，No.380, pp.145-155, 1987.10.

[56] 岩岡竜夫，坂本一成，加茂紀和子：商品化住宅の外形イメージにおける言葉―現代建築の意匠性に関する研究―，日本建築学会計画系論文報告集，No.383, pp.141-149, 1988.1.

[57] 岡島達雄，渡辺勝彦，野田勝久，若山　滋，内藤　昌：建築空間のイメージ分析―日本伝統建築における空間特性（その1）―，日本建築学会計画系論文報告集，No.357, pp.80-87, 1985.11.

[58] 岡島達雄，渡辺勝彦，野田勝久，若山　滋，内藤　昌：建築空間の知覚的特性による構成部材と構成要素の抽出　日本伝統建築における空間特性（その2），日本建築学会計画系論文報告集，No.361, pp.111-121, 1986.3.

[59] 岡島達雄，渡辺勝彦，野田勝久，若山　滋，内藤　昌：建築空間の知覚的特性による構成部材の分類―日本伝統建築における空間特性（その3）―，日本建築学会計画系論文報告集，No.363, pp.136-145, 1986.5.

[60] 岡島達雄，渡辺勝彦，野田勝久，若山　滋，内藤　昌：建築空間のイメージと構成部材の知覚的特性からみた日本建築の空間特性　日本伝統建築における空間特性（その4），日本建築学会計画系論文報告集，No.367, pp.98-107, 1986.9.

[61] 岡島達雄，苅谷健司，金　東永，河田克博，都築一雄：神宮関係建築のイメージ特性　神宮関係建築の経年変化に関するイメージ評価の変容（その1），日本建築学会計画系論文報告集，No.472, pp.185-190, 1995.6.

[62] 讃井純一郎，乾　正雄：レパートリー・グリッド発展手法による住環境評価構造の抽出―認知心理学に基づく住環境評価に関する研究（1）―，日本建築学会計画系論文報告集，No.367, pp.15-22, 1986.9.

[63] 讃井純一郎，乾　正雄：個人差および階層性を考慮した住環境評価構造のモデル化認知心理学に基づく住環境評価に関する研究（2），日本建築学会計画系論文報告集，No.374, pp.54-59, 1987.4.

[64] 讃井純一郎：空間の評価基準をとらえる―居間の評価構造，日本建築学会編：建築・都市計画のための空間学，井上書院，pp.52-64，1990.11.

[65] Yang, B. & Brown, T. J.: A cross-cultural comparison of preferences foe landscape styles and landscape elements, Environment and Behavior, Vol. 24, pp.471-507, 1992.

[66] Nasar, J. L. : Visual preferences in urban street scenes: A cross-cultural comparison between Japan and United States, Journal of Cross-Cultural Psychology, Vol. 15, pp.79-93, 1984.

[67] Yu, C.: Cultural variations in landscape preference: Comparison among Chinese sub-groups and Western design experts, Landscape and Urban Planning, Vol. 32, pp.107-126, 1995.

[68] 鈴木　誠，田崎和裕，進士五十八：外国人の日本庭園観に関する比較研究，造園雑誌，Vol.52，No.5，pp.25-30，1989.

[69] 杉尾邦江：ニュージーランド人と日本人の住宅庭園景観に対する意識に関する比較研究，造園雑誌，Vol.54，No.5，pp.227-232，1991.

[70] 岡島達雄，金　東永，麓　和義，内藤　昌：日本・韓国伝統建築空間のイメージ評定尺度抽出　日本・韓国伝統建築空間のイメージ特性（その1），日本建築学会計画系論文集，No.458，pp.171-177，1994.4.

[71] 岡島達雄，金　東永，麓　和義，内藤　昌：構成部位・要素からみた日本・韓国伝統建築のイメージ特性　日本・韓国伝統建築空間のイメージ特性（その2），日本建築学会計画系論文集，No.464，pp.209-214，1994.10.

[72] 金　東永，岡島達雄，麓　和義，黄　武達，内藤　昌：日本・台湾伝統建築空間のイメージ特性，日本建築学会計画系論文集，No.475，pp.203-208，1995.9.

[73] 金　東永，岡島達雄，麓　和義，内藤　昌：日本・韓国・台湾伝統建築外観のイメージ特性，日本建築学会計画系論文集，No.517，pp.307-312，1999.3.

[74] 西名大作，村川三郎，金　華：東広島市における留学生の生活環境評価に関する研究，日本建築計画系論文集，No.529，pp.101-108，2000.3.

[75] 金　華，村川三郎，西名大作：留学生と日本人住民による東広島市のみどり景観評価構造の比較，日本建築学会計画系論文集，No.544，pp.47-54，2001.6.

[76] 金　華，西名大作，村川三郎，飯尾昭彦：英国・日本・中国の被験者による河川景観評価構造の比較分析，日本建築学会計画系論文集，No.544，pp.63-70，2001.6.

[77] 西名大作，村川三郎，金　華，大石洋之：中国・日本の被験者による地域景観の注視特性と評価構造に関する分析，日本建築学会計画系論文集，No.557，pp.103，2002.7.

[78] 金　華，村川三郎，西名大作：中国・日本・欧州の被験者による河川景観の認識・評価と注視特性に関する分析，日本建築学会計画系論文集，No.559，pp.71-78，2002.9.

第 3 章

异文化间的建筑外观意象
差异的认识与评价方法

3.1 关于建筑意象

3.1.1 何谓意象

广义的"意象"一词包含了很多意思，目前尚无概括性的理论。文献[1]指出"意象"是由印象和认识的作用引发的在人内心的瞬间性反应。该反应通过人的内部信息处理得以表象，并与过去的记忆相结合产生联想。文献[2]将"意象"主要概括为以下3类：

a. 物体的形象、照片、画等，在外在世界作为对象物而存在的像（与词语、概念有区别）。

b. 心像、印象、感情等，存在于人的意识内的所有形态或概念。

c. 将联系对象（外界）和意识（知觉）的人们的心之所向（意象），即a→b或是b→a来表现的作用。

本研究的"意象"指当人看到建筑等对象物时产生的意象，主要以b的范畴加以定义。

3.1.2 意象与言语的关系

人类通过语言表达思考以及意愿，进行社会交流，形成文学以及思想等精神文化。正如在科学界使用的符号也是广义上的语言那样，语言在所有层面的活动中都起着至关重要的作用[3]。

因此，人对于感兴趣的事物，在表达其意象、印象时，通常会借助语言来进行认知和传达。这不仅仅是指平时使用的发声语言，还包括视觉语言[4]。意象通过语言来表达，并被赋予意义。也就是说，意象的研究是以人为对象，为了寻找人的意识的存在方式，在具体评价"意象"时，以形容词为代表的意象性的词语表现出的人的认知行为具有重要的作用。

有关意象与言语的关系，已经在不少的研究中提到。文献[5]解说了与形状有关的名词、形容词、动词及副词，分析整理了词语能力和造型能力的关系。文献[6]从空间的把握和认识入手，将词语作为传达空间意义概念的主要手段，提倡以词语为传达媒介的空间认识论（Space-Element）。文献[7]将对各种材料的质感评价概括为"感觉的表现"，并运用SD法对人的知觉与意象性词语的关系进行研究。文献[8]从好感性的观点出发，从古今东西文艺作品中的词语和文章解读建筑和空间。

从以上这些研究使用的方法中可以得到，不管是将意象替换成言语表现还是将言语表现替换成意象，最终，直觉以及主观是暧昧部分的决定性基准。这也说明由于人群的不同，其决定性基准允许一定程度的偏差，而如何整理、评价、解释这种被允许的暧昧部分则更为重要。

3.2 异文化之下表现建筑特色的要素整理

3.2.1 表现建筑特征的要素

建筑是应目的而具象化的"空间"。为了建造"空间",需要使用可用的"材料",采用技术上可能的"构成"方法。为了赋予空间意义而进行"装饰"。人们面对各种建筑时感受到的建筑的特色,其实是通过每个人在不同的生活环境成长中养成的传统、思想以及习惯来判断和认知的。而这种感受特色的过程至今还未被明确地把握。

长期以来在每个地区扎根的文化已成为当地生活的精神支柱,而建筑可以说是支撑文化的"器"。每个国家的气候、环境、习惯等各种因素的综合作用形成了各自独特的建筑文化。同时建筑也反映了该地域的技术。因此,人们感受到建筑的意象是受到建筑文化、建筑的建造方法等因素的影响,也就是在形象、色彩等抽象的视觉效果影响的同时,由特定背景下文化、文明以及材料、构法等建造方法所决定。由此,可以将"材料""构成""空间""装饰"这4个要素作为感受意象、认知特色时的重要线索。

3.2.2 中日建筑特征比较的既往研究

日本早有分析中日两国建筑的研究,例如从比较整理中日两国的建筑特征入手,探讨中日两国现代人感受的建筑特色。本书整理了近50年的日本的相关研究,概要如下:

近藤丰[9]将日本建筑的性格划分为飞鸟时期从中国传来佛教文化的前后阶段和江户末期大量引进西洋文化的前后阶段,他认为普通的日本建筑是指自古以来建造的神社寺庙、宫殿、城郭、茶室、民居等传统建筑。并且将这些传统建筑细分为:受中国传统建筑手法影响的寺院建筑和没有受影响的神社、茶室建筑,反映日本人民心境的民居建筑,以及受中国传统建筑手法部分影响的城郭建筑。日本建筑的共同特色是单纯朴素,并以小规模的直线、直角构成的框架木造为主。他认为中国、朝鲜的建筑与采用中国系建造手法的日本寺庙建筑相比,更多地使用了矿物材料,并且规模更大、更为复杂。

若山滋[10]将日本建筑的性格概括为三点:多山林的自然风貌,处于欧亚大陆东端位置而形成的特殊的异文化传播,以及建立在成熟的木造技术之上的建筑构造方法。他认为日本建筑是以木造轴组构造工法为基础的"嵌入式重组文化"下的构筑物。其中神社、寺庙、宫殿、城郭、茶室以及民居等日本建筑都是在限定的空间条件下对当初外来的文化、技术,随着时间的流逝加以吸收深化,使之融入日本。这种日本化的根本原则是平稳长期的调整,根据时代、建筑种类的不同表现出多样的情况（组合文化、屋顶文化、风的文化、限定的文化），主张变化的流动的观念。另外，中国建筑是利用中原地势形成了"累积扩展的大地文化"。

尾岛俊雄[11]阐述了中国古代建筑是追求艺术造诣，借助风水——周边环境来实现自然美和人工美一体化的有机结合。而日本建筑则在吸收中国古老传统的基础之上，建立了新的日本传统。

饭田须贺斯[12]认为中国建筑规模宏大整然，装饰色彩引人注目，同时存在年代差异和地域差异。关于地域差异，受气候风土影响的人的性格差异会反映到建筑表现中，例如黄河流域的荒凉造就了华北地区的厚重，长江流域的丰饶造就了华中地区的灵活，珠江流域的富饶造就了华南地区的进取。关于年代差异，中国传统建筑在汉代完成了框架，之后魏晋、南北朝、隋、唐、宋、元、明、清又逐步发展。汉朝，受到阴阳思想的影响，建筑开始多朝南排列、左右对称，反宇飞檐，并附有装饰花纹。南北朝时期，佛教文化传入中国，但当时中国文化已经基本确立，因此只是在中国建筑手法的基础上稍有融入南亚风格，接着向隋、唐发展。宋朝分为北宋和南宋，北宋时期基本遵循了唐朝的样式，但是到了南宋，地方特色开始突出，诸如建造了回教建筑的拱廊。元、明时期，精炼地普及了北宋的样式。到了清朝，加入了藏式风格和西洋巴洛克风格，左右不对称的建筑也开始出现。

村松伸[13]围绕东亚和东南亚的近代大型公共建筑，概说了中华民族的文化背景。对于中国的古建筑，他指出中国的每个朝代都会颁布自己的建筑法规，因而每个时期就会出现同样风格的、被规范化的建筑物。此外，在西洋技术传入的近现代，中国风格从西洋的中国趣味向中式发展，具象的中式装饰形式成为中国建筑细部构成不可缺少的一部分。

吉田桂二[14]认为移门、格栅、榻榻米等作为日本建筑的独特要素，同时也作为"美的规范"，综合形成了日本特色。而这里提到的"美的规范"是指如何变美的方法论，虽然现状把握比较困难，但可以从迎合时代扎根生活的美意识出发建立。对于中国传统建筑，他认为直到宋朝还是以木结构居多，但随着木材的枯竭和城市内建筑密集出现的防火必要性，疑似砖造建筑开始迅速普及，之后的明朝和清朝，有中式装饰过剩的趋势。从古代到中世的中国文化中有着水墨画般的优雅情趣，时代、地域的不同也会让文化的表层发生变化。

Ronald G. Knapp[15]以中国各地的传统住宅为例，对中国建筑的特征进行了探索。他认为中国建筑的性格具有多样性、地域性，大致分为北方建筑和南方建筑。北方环境严酷，木材生长缓慢，因此建材多以土、砖为主；为了抵抗季风、温差等恶劣环境，出现了窑洞，其内庭较为闭塞，以及为了有效利用光照，住宅朝南居多等特点。南方建材以木材、竹子为主；为了应对强烈的日照，室内进深较大；为了应对潮湿的气候便于通风换气，出现了漏角天井等小规模吹拔空间；为了防御外敌，还会建造牢固的围墙。这些自然环境给居住带来的影响在古代以风水的形式被整理和确立，是决定传统中国建筑形态的重要因素。

村松伸[16]认为中国建筑的空间源于古代中国的各种思想而构成的。例如，在中国，人的空间行动、空间创造、城市、建筑、陵墓、园林、盆栽等所有的空间都能通过理、礼、文的儒教的空间秩序、道教的空间秩序以及风水的空间秩序来掌握。而在日本的寝殿造、榻榻米等和风文化逐渐抬头，是因为中国的空间原理对日本建筑空间形成的意义日趋稀薄。

小野濑顺一[17]针对和风建筑认知，分析了各种相关的设计事例。认为日本人的空间意识，自古以来对北侧背面的空间具有畏怖心理，且空间不以上下区分，而是将空间区分为东西走向的面和表里区分的面。这大多体现在神社、民居、寝殿造、书院造的主轴设计中。另外，与天皇、皇族、佛教相关的空间因为受到中国"天子面南"思想的影响，所以呈南北轴而不是东西轴。而且从天地思想观念出发发展到上下区分的观念，出现了对称性较强的空间设计。

整理以上文献，中日两国的建筑特征可以分为以下几类：中日建筑"材料"的特点是都采用木材、砖瓦等自然材料，"构成"的特点是建筑规模、建筑技术都较为精致先进，"空间"的特点是受儒教、佛教思想以及自然环境等风水的影响，"装饰"的特色是从美以及舒适的生活方式中派生的具象意义。比较中日建筑可以看出"材料""构成""空间""装饰"4个要素占据着重要的位置，这与文献中关于中国和日本的建筑特征的研究成果也是一致的。

3.3　意象的言语表现探讨建筑认知概念

3.3.1　建筑意象的认知过程模型

小林[18]认为在评价人为什么会有印象感觉时，有必要探讨人的"意识化的过程"。就像在景观设计中，为了评价人们为什么想获得愉快的印象，就必须研究人的"意识化过程"。这里的"意识化的过程"可以定义为3个阶段的阶层评价模型：①上升到意识的阶段（感觉的识别阶段、感性的阶段、无意识的阶段）；②由意识作用引发的区分并相继发生的记忆编辑阶段；③由语言化和意义作用引发的区分阶段。

此外，若山[19]等学者推断人在看到建筑物等对象时唤起的意象是一个从视觉到感觉再到评价的过程。这种意象与其说是人们普遍认同的感受还不如说是以经验、文化为背景的转变。

本书在探索人从建筑外观接受意象的认知过程时发现，通过观察建筑能够唤起主观意象，并设想能够以该意象为基础进行综合评价的阶层构造。也就是说，视觉刺激能让人认识建筑，该认识转化为客观的表现，再从表现衍生出主观的意象，最后得到最主观的评价。此认知过程模型是：①（空间感的认知）表现；②意象（的唤起及编辑）；③（由意义作用引发的）评价。这与上述的"意识化的过程"的模型和内容基本一致。与此类似的阶层构造在文献[20]中关于汽车的涂装质感评价、文献[21]中关于街道景观的建筑立面色彩评价中有所讨论。关于该意象认知模型的正当性，虽然它在演绎推理上有不明朗的地方，但是可以通过具体实例的积累，并加以归纳的方法来探索实现其一般化。

综上所述，本书的意象实验设定的认知过程模型是，视觉刺激首先让人认知建筑，接着转换为建筑的客观"表现"，"表现"衍生出主观的"意象"，最终转换成最主观的"评价"。

3.3.2 基于形容词对构筑意象阶层构造模型

以意象认知过程模型为核心，探讨建筑物意象评价方法。首先，将建筑物表现分化为"材料""构成""空间""装饰"四个要素，即探讨由拥有质感的"材料"、加工组装材料的"构成"、从构成衍生的"空间"以及装点材料、构成、空间的"装饰"这4个要素形成了"表现"。其次，根据4个要素相互影响的程度并进一步与基于意象认知过程模型的阶层构造概念相组合，生成4个要素独立的表现层、4个要素中2个要素混合的意象Ⅰ层、4个要素中3个要素混合的意象Ⅱ层以及4个要素全部混合的评价层，层层递进形成意象阶层构造模型。

在此，本书结合文献[22]日韩两国的传统建筑外观研究中进行的形容词对选定实验，在考虑建筑外观的意象时，使用具有意义的适当的词汇，参考《广辞苑》《汉语大辞典》《形容词词典》等词典，并考虑词语的多义性，根据语义分类，将前述的各模型区间中的28个形容词对进行了分组。也就是将通过SD法掌握的情绪、内涵性的"内容与意义"与材料、构成、空间以及装饰中的"表现与形态"的对应关系进行代码化。

基于以下观点，语义分类是经过了数十次的分组试行才决定的。文献[23]将词语所能体现的意义定义为3种，分别为概念的意义、联想的意义和主题的意义。概念的意义是指直接体现个体。联想的意义是指在列举数个个体的状况下，体现被暗示的共性。主题的意义则是指通过语顺、语调等传达的内容。所以从这些意义的状态出发可以发现，从概念的意义到联想的意义，再从联想的意义到主观的意义，词语拥有的暧昧性和多义性的程度在不断扩大。本书从这种广义的角度理解词语的意义的多样性，并将其应用于认知过程模型。在表现层，尽可能排除暧昧性和多义性，遴选表达材料、构成、空间、装饰四要素其本身意义的形容词对；在评价层，遴选材料、构成、空间、装饰四要素尽可能对应所有意义的多义形容词对。遴选分组采用的方法属于文献[24]中介绍的KJ法的分类范畴。

本书研究使用的形容词对如表3-1所示，由意象的形容词对组建的阶层构造模型如图3-1所示。复数要素混合层中的形容词对则考虑了词语的多义性和暧昧性。

本书研究使用的形容词对		表3-1
序号	日语	中文
1	開放的な—閉鎖的な	开放的—封闭的
2	整然とした—雑然とした	规整的—混乱的
3	豪華な—質素な	豪华的—朴素的
4	落ち着いた—浮ついた	稳重的—轻浮的

序号	日语	中文
5	古い—新しい	古典的—新式的
6	こまかい—あらい	精巧的—粗糙的
7	すがすがしい—うっとうしい	清新的—沉闷的
8	平面的な—立体的な	平面的—立体的
9	軽快な—荘重な	轻快的—庄重的
10	独特な—平凡な	独特的—平凡的
11	複雑な—単純な	复杂的—单纯的
12	暖かい—冷たい	温暖的—冷淡的
13	親しい—よそよそしい	亲切的—疏远的
14	変化のある—統一感のある	多变的—统一的
15	動的な—静的な	动的—静的
16	男性的な—女性的な	男性的—女性的
17	かたい—やわらかい	僵硬的—柔和的
18	色彩感のある—色彩感のない	色彩丰富的—无色彩感的
19	水平的な—垂直的な	水平的—垂直的
20	自然的な—人工的な	自然的—人工的
21	曲線的な—直線的な	曲线的—直线的
22	対称的な—非対称的な	对称的—非对称的
23	素材感のある—素材感のない	有材料感的—无材料感的
24	装飾的な—非装飾的な	有装饰的—无装饰的
25	明るい—暗い	明亮的—阴暗的
26	すっきりしている—ごてごてしている	有序的—杂乱的
27	面白い—つまらない	有趣的—无聊的
28	安定した—不安定な	安定的—不安定的

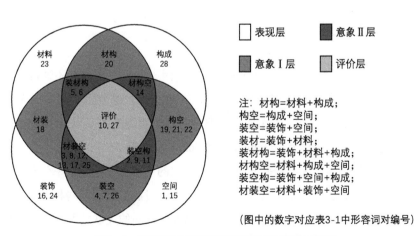

图3-1　形容词对表示的意象阶层构造模型概要

3.4 意象认知的测定、分析和评价方法

伴随着人们对刺激的认识，至今已有许多直接把握意象等表象概念的手法，如自由联想法、限制联想法、评定法等[25]。为了定量建筑的意象，在以往的研究中使用的测定方法和分析方法往往是直接使用词语，并收集词语表现的类型的数据，再通过因子分析、多次元尺度法等进行分析。

3.4.1 使用形容词尺度的SD法和因子分析

SD法是Semantic Differential Method的简称，又称语义学解析法，是由伊利诺伊大学教授奥斯古德（C. E. Osgood）于1957年提出的一种心理测定的方法。它以语义学中"言语"为工具测定人对某个事件（事物）的心理感受、体验以及意象。并通过赋予"言语"评价尺度，通过该尺度的分析与评价，定量地阐明对象事件的概念和构造。

具体来说是使用由形容词对构成的两极（正、反义成对）评价尺度（一般为7级）进行心理实验、收集数据，通过因子分析（抽出多变量数据中潜在的共通因子的手法），将某"概念"的构造进行定量化。

SD法最早用于心理学的研究，之后在意象以及感情相关的研究范畴，尤其是心理学、社会学、政治学、语言学以及市场营运等各种领域被广泛使用。进入20世纪后期，在建筑景观、环境心理学等领域作为一种实态调查方法逐渐被广泛应用，现已成为建筑环境空间相关量心理评价的基本方法。

3.4.2 图形化模型分析

关于SD法的分析方法，以往研究中基本上止步于因子分析，现在也还维持着这种状况，这与能够尽可能地分析研究数据的多变量分析方法有着相当大的差距。本书3.3节中提出了意象阶层构造模型的各层要素关系，为了探讨各要素间尚未明确的关系以及关联情况，使用SD法的数据结果，进行了图形化模型（Graphical Modeling）分析。

图形化模型是一种用图形表示概率分布的方法，它的主要优点是把概率分布中的条件独立用图的形式表达出来。通过观察相关系数矩阵再现程度，过滤变量间最弱相关、抽取较强相关的方法[26-27]。也就是基于数据将不明确的因果关系以及要素间的关联情况进行模型化，并验证其妥当性的方法[26]。

具体来看，想要阐明变量x与变量y的因果关系，最可靠的方法是以x为实验条件进行实验研究。为了确认两个变量x和y之间的直接因果关系，必须证明"x和y之间的相关性是不由其他变量引起"，也被称为非介入性的条件。就是需要排除是否通过其他变量z的间接因果关系（$x{\rightarrow}z{\rightarrow}y$）或者是通过其他变量$z$作为共同原因的伪相关（$x{\leftarrow}z{\rightarrow}y$）。图形化模型为了推论是否满足非介入性条件，进行将"当其他变量z一定时x和y不相关"作为条件的条件独立关系的分析。这里的"条件独立"意味着"如果能够收集到很多只与作为条件提供的变量z的值相等的样本，则x和y的相关性为0"。如果条件变量变多，实际上只收集值相等的样本就会越来越难，因此上述概念用统计学的偏相关分析来表示如下：相关矩阵用$\boldsymbol{R}=(r_{ij})$表示，那么它的逆矩阵就是$\boldsymbol{R}^{-1}=(r_{ij})$，此时变量$i$和变量$j$的偏相关系数$r_{ij}/rest$为

$$r_{ij}/\mathrm{rest} = -r^{ij}/(\sqrt{r^{ij}}\ \sqrt{r^{ji}})$$

通过偏相关系数可以看到各个变量间的相关，找到相关系数为0的变量对。将变量置于顶点，将相关系数不为0的变量根据强弱联系起来，就可以得到图3-2所示的图形化模型[28]。

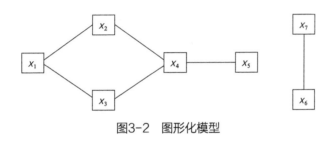

图3-2　图形化模型

3.4.3　词语联想法与典型相关分析

词语联想法（Word Association）[29]是自由联想法的一种，它要求实验参与者自由记录联想到的词语。为了进一步探讨词语联想法得到的词语间的关联性，本书采用了典型相关分析（Canonical Correlation Analysis）。

典型相关分析是多元回归分析的一般形式，是用多个自变量说明多个因变量，即利用综合变量对之间的相关关系来反映两组变量集合之间的整体相关性的多元统计分析方法[30-31]。

其基本原理是整体上把握两组变量集合之间的相关关系，首先，在每组变量中寻找出变量的线性组合，使得两组的线性组合之间具有最大的相关系数；然后选取与已经挑选出的这对线性组合不相关的另一对线性组合，并使其相关系数最大，如此下去，直到两组变量的相关性被提取完毕为止。被选出的线性组合配对称为典型变量，它们的相关系数称为典型相关系数。

3.5　小结

　　针对异文化间的建筑外观的意象，围绕建筑外观意象以及意象的认知评价方法进行了理论展开，整理探讨了异文化的建筑特色的要素、认知过程，结果如下：

　　（1）"材料""构成""空间""装饰"四要素是感觉、认知建筑外观特色时的重要线索。

　　（2）可以将认知过程设定为从"表现"衍生出"意象"，再到"评价"的过程。并与建筑表现相关的"材料""构成""空间""装饰"四要素复合化，构筑由各形容词对集合后组成的意象阶层构造模型。

　　（3）除了常用的SD法、因子分析法之外，在意象认知的测定、分析以及评价方法领域开发应用了词语联想法以及多变量分析中的图形化模型分析和典型相关分析方法。

　　（4）利用形容词对的意象阶层构造模型和意象认识的测定、分析和评价方法，提出了在建筑外观特色上异文化间的不同意象的认知、评价方法。

本章参考文献

[1]　李　昇姬：イメージを用いた感性情報処理によるデザイン表現支援に関する研究，筑波大学博士論文（甲第2196号），1999.3.

[2]　坂本一成，西山秀志，岩岡竜夫：言葉による住宅外形のイメージ—その2　建築の形象での図像性に関する研究—，日本建築学会計画系論文報告集，No.370，pp.78-88，1986.12.

[3]　菅野道夫：ファジー理論の展開　科学における主観性の回復，サイエンス社，pp.124-185，1989.7.

[4]　笠尾敦司：写真や絵から受ける印象は画像の特徴に分解して解析できるか，大澤光編：「印象の工学」とはなにか　人の「印象」を正しく分析・利用するために，丸善プラネット，pp.120-138，2000.1.

[5]　島田良一：かたちに見る造形の構成　イメージ・ジェネレーターの展開，鹿島出版会，1995.1.

[6]　亀井正弘：空間造形論体系　世界の創造主たちへ，鳳山社，2000.4.

[7]　穐山貞登：質感の行動科学，彰国社，1988.2.

[8]　樫野紀元：快適すまいの感性学　文芸作品に読む建築の話，彰国社，1996.3.

[9]　近藤　豊：古建築の細部意匠，大河出版，pp.17-23，1972.6.

[10]　若山　滋：「組み立てる文化」の国，文藝春秋，1984.10.

[11] 尾島俊雄：現代中国の建築事情，彰国社，pp.15-19，1980.8.

[12] 飯田須賀斯：中国建築の日本建築に及ぼせる影響—特に細部に就いて—，相模書房，pp.3-23，1953.10.

[13] 村松　伸：中国的な，あまりに中国的な，加藤祐三編，アジアの都市と建築　29　exotic asian cities，鹿島出版会，pp.245-265，1986.12.

[14] 吉田桂二：検証　日本人の「住まい」はどこから来たか 韓国中国東南アジアの建築見聞録，鳳山社，1986.10.

[15] ロナルド・ゲーリー・ナップ：中国の住まい，オックスフォード大学出版原著，1990，西村幸夫監修，菅野博貢邦訳，学芸出版社，1996.3.

[16] 村松　伸：中華中毒 中国的空間の解剖学，作品社，1998.10.

[17] 小野瀬順一：日本のかたち縁起　そのデザインに隠された意味，彰国社，pp.90-114，1998.2.

[18] 小林　亨：移ろいの風景論—五感・ことば・天気，鹿島出版会，pp.12-15，1993.12.

[19] 若山　滋，市川健二，岡島達雄，簡　雅幸：建築構法を表現する形容言語の分析　建築構法のイメージ分析　その1，日本建築学会計画系論文集，No.386，pp.62-69，1988.4.

[20] 仁科　健：個人差を考慮した視覚感性評価の階層構造に関する一考察，大澤　光編：「印象の工学」とはなにか 人の「印象」を正しく分析・利用するために，丸善プラネット，pp.169-181，2000.1.

[21] 槙　究：評価項目の関連を測るときの評価対象の範囲の設定，現代のエスプリ，印象の工学 印象はどう測ればよいか，至文堂，No.364，pp.66-83，1997.11.

[22] 岡島達雄，金　東永，麓　和義，内藤　昌：日本・韓国伝統建築空間のイメージ評定尺度抽出　日本・韓国伝統建築空間のイメージ特性（その1），日本建築学会計画系論文集，No.458，pp.171-177，1994.4.

[23] 飛田良文，浅田秀子：現代形容詞用法辞典，東京堂出版，1991.7.

[24] 小島隆矢：個人差を尊重した印象評価，現代のエスプリ，印象の工学　印象はどう測ればよいか，至文堂，No.364，pp.99-127，1997.11.

[25] 岩下豊彦：SD法によるイメージの測定　その理解と実施の手引　川島書店，1983.1.

[26] 日本品質管理学会テクノメトリックス研究会：グラフィカルモデリングの実際，日科技連出版社，1999.5.

[27] 宮川雅巳：グラフィカルモデリング，統計ライブラリー，朝倉書店，1997.3.

[28] 日本建築学会：よりよい環境創造のための環境心理調査手法入門，技報堂，2000.5.

[29] 坂本一成，西山秀志：言葉による住宅外形のイメージ　その1　建築の形象での図像性に関する研究，日本建築学会計画系論文集，No.363，pp.104-114，1986.5.

[30] 朝野熙彦：入門　多変量解析の実際　第2版，講談社，2000.10.

[31] 森　典彦：製品デザインのための外観印象の因果分析—自動車を事例として，大澤光編：「印象の工学」とはなにか　人の「印象」を正しく分析・利用するために，丸善プラネット，pp.194-210，2000.1.

第 4 章

中日传统建筑外观意象比较

4.1　背景及目的

　　文化的影响一般遵循"从高处向低处流通"的法则。日本文化从中国汉代开始受影响，直到最隆盛的唐代受到了最大的影响下一点点成长起来[1]。而且，在整个亚洲范围，日本也一直被置于具有类似中国文化特质的位置，在建筑文化上也不例外。建筑文化是由所在国家的气候、环境、习惯等各种要素复杂融合而形成的。建筑空间通常被认为是根据当地的文化、风土等要素所构成的建筑构成、材料、表现以及所表示的意象。也可以说，身处汉字文化圈的日本，以中国为原点，通过最大范围地密切学习与交流，在汉字文化圈这个大文化背景下创造了日本本国独特的文化。中日传统建筑在保有汉字文化圈所共通的空间性特征的同时，还保持着两国独特的空间性特征。漫长的历史，让中日两国产生了具有本国特色的中国特色和日本特色。

　　通过比较中日两国的传统建筑，能够更加客观地把握两国传统建筑空间的特征。而一个国家的建筑外观意象对人们感知这个国家的建筑特征起到很重要的作用，从建筑文化上来考虑也可以说是一个非常重要的因素。在比较中国和日本建筑时，以往许多研究和实例都关注了平面布局、居住方式以及构造方法的不同，但对于外观意象的比较，关注点没能很好地梳理，决定性的区别以及判断的标准至今没有完全确定。

　　关于日本传统建筑，与同样从汉字文化圈派生发展出的日本以外的传统建筑进行比较的研究主要包括：金、冈岛等人[2-5]对日本、韩国、中国台湾地区三地传统建筑的外观意象进行了比较研究。关于意象认知的评价，以与建筑空间表现相关的28个形容词对为基础的主因素分析和从建筑物感知的意象用一个汉字表现构成的4个汉字为基础，通过相关和聚类分析进行了定量化。对于意象评价，尝试使用4个汉字作为指标对建筑部件和元素进行类型化，并结合3个地区的文化背景对其外观意象的共通点以及差异进行了比较分析。此外，梁、河边和冈岛等人[6]结合上述研究方法，用形容词对唤起意象并对应于相应的建筑，对日本和中国的商品化住宅的外观意象进行比较分析。以上这些研究，尽管将人们从建筑感知到的意象认知用一个汉字直接表达出来，但对意象形成相关的详细过程却并未进行探讨。而且作为研究对象的日本、韩国和中国台湾的传统建筑，其本身就是从中国大陆本土的建筑派生发展起来，对汉字文化圈原点的中国传统建筑自身却没有探讨，研究不充分。

　　本章的目的是对于东亚文化起源之一的中国传统建筑和受到中国传统建筑巨大影响而孕育出的有独创性的日本传统建筑，聚焦从这些建筑的外观感受到的意象认知以及意象形成的过程，进一步明确现代的中国和日本人从这些传统建筑外观感知辨别中国特色、日本特色的意象形成和认知过程。并将中日两国固有的文化信息进行整理、评价。具体来说，以中日两国的大学生、研究生、留学生总共202人为对象，实施SD法等多种心理测试，通过因子分析明确中日两国现代人从传统建筑感受到作为意象认知结果的两国的特色。并进一步将中日建筑中常见的特征回归到第3章中提出的由形容词对组建的意象阶层构造模型，导入SD法分析结果，实施图形化模型分析。深入探讨意象认知的过程，比较考察中国特色和日本特色。

4.2 以特色评价为目的的意象心理实验概要

4.2.1 意象心理实验内容

提炼中日两国各自的建筑意象特征，用建筑用途分类代表的方法相对较为容易。又由于中日两国的实验参与者身处两国进行实地实验非常困难，所以心理实验的样本建筑由彩色图像加以代替。

中日两国的大学生作为意象心理实验的参与者，就中国和日本的具有代表性的传统建筑的建筑部位及要素的照片和能够把握建筑外观的照片进行了心理测试。共计实施了4项测试，分别为建筑部位及要素的意象测试，基于形容词对的意象测试，中日建筑特色的排序和特色判断测试。同时，还调查了实验参与者的个人信息。心理实验内容概要如表4–1所示。

心理实验问卷分别为中文和日语，为了尽量减少翻译给研究结果带来的误差，在心理实验结果的汇总阶段，分开统计中国人和日本人结果。

心理实验内容概要	表4–1
项目	内容
个人信息	年龄、性别、建筑专业知识的有无等调查
关于建筑部位及要素的意象测试	关于比例、色彩、建筑物部位的意象测试
基于形容词对的意象测试	将28个形容词对用7个阶段的程度进行评价的意象测试
中日建筑特色的排序测试	从中国特色到日本特色的按序排列的测试
与特色相关的判断测试	中国特色和日本特色中重要要素的选择以及选择理由的记述

4.2.2 意象心理实验样本建筑

1. 建筑物部位及要素的意象测试

建筑物部位及要素的意象测试，主要将能够强烈影响唤起意象的建筑比例、色彩以及部位三个项目作为研究对象。

比例项目采用了带有本国特征的中日两国的传统建筑的形态各5例。为了排除其他因素的影响使用了影像加工合成的单色照片。色彩项目中为了排除比例、形态等影响，采用了相同形态的建筑，且只保留了建筑阴影的浓淡，通过影像加工合成6种单色的照片。建筑部位项目使用具有传统建筑特征的斗栱、门和屋顶。

实验时没有明示各个建筑的国家信息，具体关于建筑物部位及要素的意象测试中使用的照片如图4-1所示。

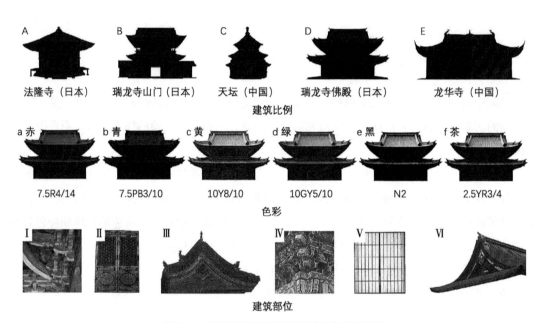

A	B	C	D	E
法隆寺（日本）	瑞龙寺山门（日本）	天坛（中国）	瑞龙寺佛殿（日本）	龙华寺（中国）

建筑比例

a 赤	b 青	c 黄	d 绿	e 黑	f 茶
7.5R4/14	7.5PB3/10	10Y8/10	10GY5/10	N2	2.5YR3/4

色彩

Ⅰ　Ⅱ　Ⅲ　Ⅳ　Ⅴ　Ⅵ

建筑部位

图4-1　建筑部位及要素的意象测试用照片

2．形容词对意象测试以及排序

基于中日两国的广泛文化，在形容词对的意象测试以及中日建筑特征排序的测试中，将实验中用的建筑用途分为寺院、神社（祠堂）、城郭、住宅以及庭园五种用途。两国没有相同性质的建筑，就尽可能选定性质相似的建筑。具体如相应日本的神社建筑选择了中国祭祀建筑中的祠堂建筑。

中日两国的代表性传统建筑样本的选定是由预备心理实验决定的。预备心理实验选定了中日两国各20栋共计40栋建筑为实验对象，实验参与者是26名日本国立宇都宫大学工学院建筑学科的日本大学生和6名中国留学生，将40张A4尺寸的建筑照片从最具有日本特色到最具有中国特色按强弱次序排列。统计预备实验结果选出最具有日本特色的7栋，最具有中国特色的6栋，以及中国特色与日本特色模糊不清的3栋，共计16栋建筑。具体建筑和相关信息如图4-2、表4-2所示。

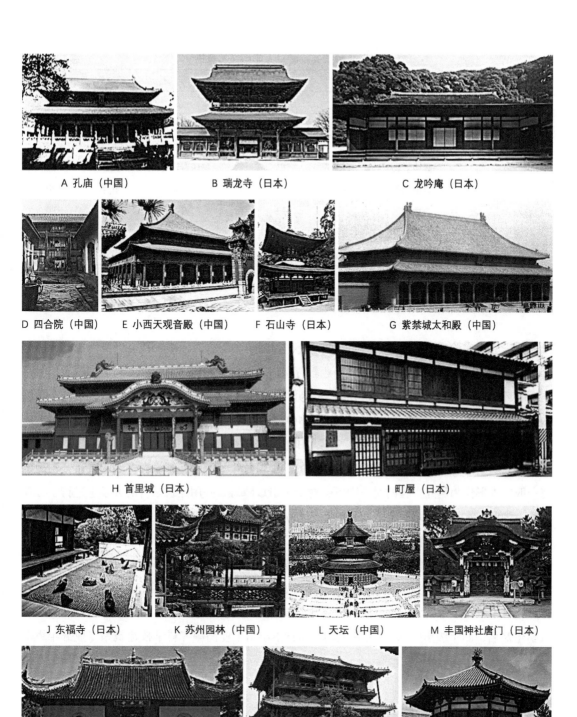

A 孔庙（中国）　　　B 瑞龙寺（日本）　　　C 龙吟庵（日本）

D 四合院（中国）　E 小西天观音殿（中国）　F 石山寺（日本）　G 紫禁城太和殿（中国）

H 首里城（日本）　　　　　　I 町屋（日本）

J 东福寺（日本）　K 苏州园林（中国）　L 天坛（中国）　M 丰国神社唐门（日本）

N 龙华寺（中国）　　　O 独乐寺观音阁（中国）　　　P 法隆寺梦殿（日本）

图4-2　形容词对意象测试及排序用实验样本建筑照片

建筑用途	编号	日本建筑	所在地	年代	编号	中国建筑	所在地	年代
寺院神社祠堂	B	瑞龙寺山门	富山	江户	A	孔庙	山东	元
	C	龙吟寺方丈	京都	室町	E	小西天观音殿	北京	清
	F	石山寺多宝塔	滋贺	镰仓	N	龙华寺	上海	宋
	P	法隆寺梦殿	奈良	奈良	O	独乐寺观音阁	天津	唐
	M	丰国神社唐门	京都	桃山	L	天坛	北京	明
宫殿	H	首里城	冲绳	江户	G	紫禁城太和殿	北京	明
住宅	I	町屋	京都	江户	D	四合院	陕西	明清
庭院	J	东福寺	京都	镰仓	K	园林	江苏	南宋

形容词对意象测试及排序用样本建筑　　表4-2

4.2.3　意象心理实验参与者

关于心理实验的参与者，以往的研究文献[7]探讨了参与者的性格、社会经济性的特性、是否接受过环境设计或城市规划等相关专业教育，以及对特定环境熟悉度的不同等因素对实验参与者的环境知觉有怎样的影响。研究结果表明，基于照片、录像等多媒体影像的直接的、具体的、物理性的评价上，实验参与者有无建筑相关专业知识以及年龄的大小不会对实验结果造成大的差异。冈岛等人在日本传统建筑意象[8]和神宫建筑意象特征[9]等研究中进行了知觉特性实验，也表明空间意象的评价与建筑专业知识的有无以及年龄的差异都没有多大的关系，明确了将一般的人群作为研究实验的对象则不会对研究造成障碍，并用建筑学科的大学生进行了心理实验。为此，本章中的意象心理实验的参与者由中日两国的建筑学专业和非建筑学专业的职高生、本科生、研究生和留学生构成。

中国人共60人，具体为：中国浙江工业大学建设系建筑学专业本科一年级学生19名，三年级学生19名，五年级学生12名和日本国立宇都宫大学的中国留学生10名。日本人共142人，具体为：日本国立宇都宫大学工学院建设系建筑学专业一年级学生42名，二年级学生42名，三年级学生26名，四年级学生8名，研究生10名和日本小山工业高等专科学校建筑系专业五年级学生14名。

4.2.4　意象心理实验方法

1．建筑部位及要素的意象测试

比例项目是关于5个案例单项选出"中国的"或是"日本的"的感受，然后分案例进行统计。色彩项目是关于6个案例，多项选出让人感到"中国的"或是"日本的"色彩，还允许一个色彩是"中国的"也是"日本的"。建筑部位项目是关于6个案例单项选出是"中国的"或是"日本的"的感受，然后分案例进行统计。

2. 基于形容词对的意象测试

形容词对意象测试的评价方法是，基于本书第3章中提出的形容词对采用了SD法进行测试。测试使用本书第3章提出的形容词对，主要由人们看到建筑物时联想到的词和一些具有判断价值的词组成（见表3-1）。具体测试是：对具有临场感的16栋建筑的A4尺寸的彩色照片，用28个形容词对从-3 ~ +3分成7个阶段来评价，然后通过因子分析求出典型特征值、主成分得分和特征值，提取影响因子。

3. 中日传统建筑特色的排序测试

中日建筑特色的排序测试的评价方法是根据以上16栋样本建筑给人的感受，按照感受的强烈度将感到最具中国特色的排在第一位，最具日本特色的排在第十六位，然后再按顺序排列。根据实验参与者的回答结果统计所有样本的各个位置的得分。第一名8分，第二名7分……第八名0分，第九名-1分……第十六名-8分，所得分数之和除以实验参与者人数，为平均得分。具体评价步骤如图4-3所示。排序点数以0为基准点，正数侧越大表示越具有中国特色，负数侧越小表示越具有日本特色的倾向。

序位	得票数据				配点		量化数据			
	A	B	…	P			A	B	…	P
1	3	1	…	0	×	8	24	8	…	0
							+	+		+
2	11	1	…	3	×	7	77	7	…	21
8	15	6	…	6	×	1	15	6	…	6
							+	+		+
9	25	12	…	11	×	-1	-25	-12	…	-11
							+	+		+
15	1	4	…	10	×	-7	-7	-28	…	-70
							+	+		+
16	0	1	…	3	×	-8	0	-8	…	-24
							‖	‖		‖
						合计	228	-334	…	-405
排序得点数　=　合计 / 人数　=						平均	1.6	-2.4	…	-2.9

图4-3　排序测试的评价步骤

4. 中日传统建筑特色判断测试

特色判断测试是在感受中国特色和日本特色时最重要的判断要素，结合以上的测试内容，本实验提出了整体造型、建筑各部位的均衡、色彩彩度、色彩组合、部位的形状、部位的材质合计6个选择项目，每个国家只能单选，并记录理由。记录的理由整理成要点加以统计。

4.3　中国人的意象心理实验结果及考察

4.3.1　关于建筑部位及要素的意象测试

中国人关于建筑部位及要素的意象测试结果如图4-4所示。结果表明，比例项目中，A、B、D具有日本特色，C、E具有中国特色，这与实际的正确答案一致。可见中国人能够通过比例正确地捕捉中日两国传统建筑各自具有的特征。

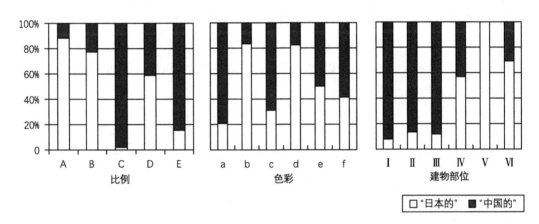

图4-4　关于建筑物部位及要素的意象测试结果

色彩项目中，蓝色、绿色等冷色系代表"日本的"，红色和黄色等暖色系代表"中国的"。根据以上结果，可以推断得到中国人认为日本传统建筑的色彩相对融入自然，自然与人工的界限相对比较模糊，给人一种融合的感觉。而中国的传统建筑物的暖色系则是引人注目，赋予人存在的意义。也可以说是自然与人类产物相对分明，明确自然与人类的界限，让人感受到自然与人工的对立。

建筑部位项目中关于斗栱，实验参与者的中国人将属于日本传统建筑的Ⅰ误认为是"中国的"，而把属于中国传统建筑的Ⅳ误认为是"日本的"。可见在形态特征相似的建筑部位上，判断相对困难。失误的原因很有可能是因为在日本传统建筑（主要是寺院建筑）中，从飞鸟时代开始古代中国大陆的建筑样式随佛教一起传入日本，斗栱作为主要架构被广泛运用。而在中国，斗栱土生土长，被公认为中国传统建筑独特手法之一。因此，对于中国人来说，他们普遍认为历史悠久的建筑中有斗栱的必定是中国建筑。

4.3.2 关于形容词对的意象测试

　　中国人关于形容词对意象测试数据的因子分析结果如表4-3所示。统计了特征值在1.0以上的因子，结果如表4-4所示。因第三因子的累积贡献率已经达到79.0%，故可以判定选择前三因子。

　　第一因子中，"豪华的—朴素的""有装饰的—无装饰的""复杂的—单纯的"等形容词对的因子载荷较大，故将因子命名为"装饰性因子"。第二因子中，"有趣的—无聊的""动的—静的""多变的—统一的"等形容词对较为常见，故命名为"跃然性因子"。第三因子中，"亲切的—疏远的""平面的—立体的""安定的—不安定的""开放的—封闭的"等形容词对，故命名为"安和性因素"。以上3个因子的贡献率分别为，第一因子39.4%，第二因子27.1%，第三因子12.5%，其中第一因子的"装饰性因子"约占了40%。关于装饰性因子，从表4-4因子得分的结果可以看到，因子得分在0.5以上的建筑是G和L，观察建筑发现其装饰性较强，而因子得分在-0.5以下的建筑C、D、I和J其装饰性相对较低，比较简洁。

<table>
<tr><td colspan="5" style="text-align:center">形容词对意象测试数据的因子分析结果（实验参与者为中国人）　　　　表4-3</td></tr>
<tr><td colspan="5" style="text-align:center">因子载荷</td></tr>
<tr><th>序号</th><th>变量</th><th>第一因子</th><th>第二因子</th><th>第三因子</th></tr>
<tr><td>3</td><td>豪华的—朴素的</td><td>0.959</td><td>0.113</td><td>0.047</td></tr>
<tr><td>18</td><td>色彩丰富的—无色彩感的</td><td>0.891</td><td>0.127</td><td>0.129</td></tr>
<tr><td>24</td><td>有装饰的—无装饰的</td><td>0.883</td><td>0.306</td><td>-0.238</td></tr>
<tr><td>5</td><td>古典的—新式的</td><td>0.842</td><td>-0.195</td><td>-0.279</td></tr>
<tr><td>6</td><td>精巧的—粗糙的</td><td>0.839</td><td>0.431</td><td>0.064</td></tr>
<tr><td>23</td><td>有材料感的—无材料感的</td><td>-0.823</td><td>-0.034</td><td>-0.233</td></tr>
<tr><td>12</td><td>温暖的—冷淡的</td><td>0.795</td><td>-0.054</td><td>0.268</td></tr>
<tr><td>9</td><td>轻快的—庄重的</td><td>-0.787</td><td>0.547</td><td>0.172</td></tr>
<tr><td>16</td><td>男性的—女性的</td><td>0.784</td><td>-0.494</td><td>-0.109</td></tr>
<tr><td>4</td><td>稳重的—轻浮的</td><td>0.749</td><td>-0.493</td><td>0.252</td></tr>
<tr><td>22</td><td>对称的—非对称的</td><td>0.749</td><td>-0.392</td><td>-0.156</td></tr>
<tr><td>25</td><td>明亮的—阴暗的</td><td>0.748</td><td>0.362</td><td>0.427</td></tr>
<tr><td>11</td><td>复杂的—单纯的</td><td>0.743</td><td>0.408</td><td>-0.337</td></tr>
<tr><td>20</td><td>自然的—人工的</td><td>-0.735</td><td>0.268</td><td>0.469</td></tr>
<tr><td>26</td><td>有序的—杂乱的</td><td>0.698</td><td>-0.232</td><td>0.265</td></tr>
<tr><td>2</td><td>规整的—混乱的</td><td>0.59</td><td>-0.336</td><td>0.339</td></tr>
<tr><td>27</td><td>有趣的—无聊的</td><td>0.16</td><td>0.946</td><td>0.174</td></tr>
<tr><td>15</td><td>动的—静的</td><td>-0.078</td><td>0.917</td><td>-0.221</td></tr>
<tr><td>14</td><td>多变的—统一的</td><td>-0.046</td><td>0.899</td><td>-0.271</td></tr>
<tr><td>17</td><td>僵硬的—柔和的</td><td>0.138</td><td>-0.687</td><td>-0.537</td></tr>
<tr><td>21</td><td>曲线的—直线的</td><td>0.463</td><td>0.677</td><td>-0.205</td></tr>
<tr><td>7</td><td>清新的—沉闷的</td><td>-0.093</td><td>0.666</td><td>0.638</td></tr>
</table>

因子载荷			
序号	变量	第一因子	第二因子	第三因子
10	独特的—平凡的	0.493	0.661	-0.243
1	开放的—封闭的	0.262	0.6	0.531
8	平面的—立体的	-0.473	-0.543	0.387
13	亲切的—疏远的	0.058	0.374	0.598
19	水平的—垂直的	-0.094	-0.562	0.586
28	安定的—不安定的	0.408	-0.538	0.544
	特征值	11.045	7.581	3.491
	贡献率	0.394	0.271	0.125
	累积贡献率	0.394	0.665	0.79
	因子名	装饰性	跃然性	安和性

各建筑的因子得分（实验参与者为中国人）　　　表4-4

编号	装饰性因子	跃然性因子	安和性因子
A	0.487	-0.681	0.14
B	0.023	-0.345	-0.919
C	-0.508	-0.514	0.897
D	-0.513	-0.256	-0.766
E	0.474	0.578	-0.008
F	-0.341	0.459	-0.732
G	0.702	-0.659	0.261
H	0.265	0.527	0.335
I	-0.962	-0.569	0.431
J	-0.636	0.462	0.364
K	-0.177	1.267	0.431
L	0.848	0.291	0.337
M	0.265	0.272	-0.795
N	-0.079	-0.784	0.252
O	0.276	0.012	-0.274
P	-0.124	-0.061	0.046
贡献率	0.394	0.271	0.125

4.3.3　中日建筑特征的排序测试

中国人的中日两国传统建筑特征的排序测试结果如图4-5所示。最具有中国特色的是L，最具有日本特色的是C。关注表4-4中第一因子的因子得分绝对值较高的C、D、G、I、J、L，可以得到中国建筑中的D、G、L具有较强中国特色，日本建筑中的C、I、J则具有较强日本特色。

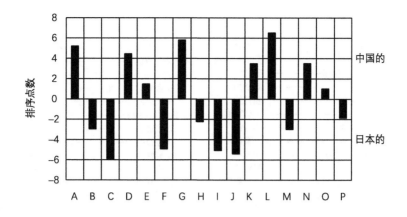

图4-5　关于特征的排序测试结果（实验参与者为中国人）

4.3.4　基于因子分析及排序结果的关于特征的考察

基于因子分析以及排序结果，本书对具有第一因子的装饰性特征的C、D、G、I、J、L共6个样本建筑展开进一步分析。按国家分成两组，各个样本建筑的28个形容词对的SD法定量结果以及按国家分组后的平均值如图4-6～图4-8所示，对中国建筑D、G、L和日本建筑C、I、J的第一因子"装饰性因子"的结果进行比较，发现中国建筑和日本建筑的定量值的差大约保持在1～2个幅度的平行关系。因此，可以得出中国人通过形容词对表示感受到的中国特色和日本特色的指向性以及方向性有所不同。也就是说，中国人印象中的中国特色可以用"有装饰的""古典的""静的""对称的""庄重的""人工的"等来概括，其庄严感较为强烈。而中国人印象中的日本特色则无法用以上形容词来表达，除了是"非装饰的""轻快的""自然的"之外，还出现了指向性不同的"无色彩感的""有材料感的"等，展现出较强无垢感。

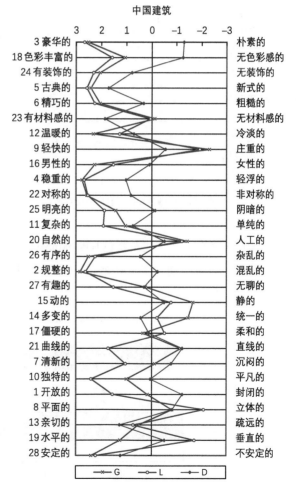

图4-6　形容词对量化结果1（实验参与者为中国人）

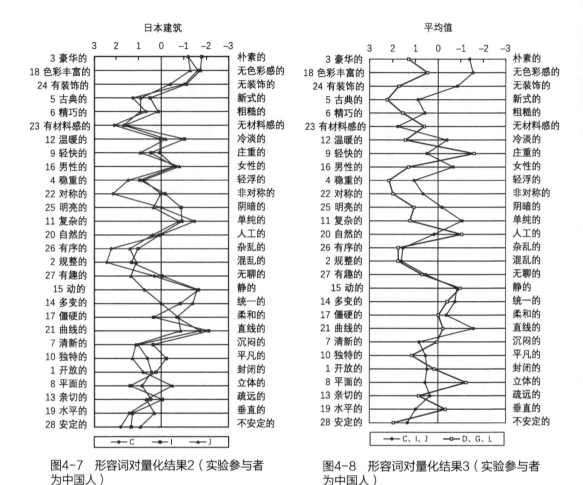

图4-7 形容词对量化结果2（实验参与者为中国人）

图4-8 形容词对量化结果3（实验参与者为中国人）

4.3.5 中日传统建筑特色判断测试

中国人的中日传统建筑特色判断测试中重要因素的评价结果如图4-9所示。具有中国特色的要素中，各部位的均衡占41.2%，其次是整体造型占23.5%，显示与建筑比例相关的要素占

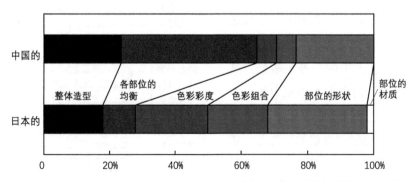

图4-9 关于特色判定测试的重要因素的判定结果（实验参与者为中国人）

64.7%。具有日本特色的要素中，部位的形状占30%，色彩彩度占22%，色彩组合占18%，显示与色彩相关的要素占全体的40%。结合建筑物部位及要素和形容词对的意象测试结果可得，中国人在认知中国特色时重要因素是建筑比例及建筑的整体性，而认知日本特色时最关注的是彩度和色彩组合相关的建筑色彩。表4-5罗列了关于以上判断理由的文字，总结了中国人在认知中国特色和日本特色时的关键词。不难看出这些文字正好是本书4.3.4节中指出的庄严感和无垢感的补充。

关于特色评价的理由概要（实验参与者为中国人）			表4-5
项目	比例	色彩	建筑部位及要素
中国传统建筑	安定感	赤、黄、明亮的颜色	屋顶上的兽件
	水平的、曲线的	蓝紫色的强调	琉璃瓦
日本传统建筑	不安定感	无彩色系	平缓的屋顶
	平面的	清新的	简洁的做法
	静止的	自然的	障子

4.4　日本人的意象心理实验结果及考察

4.4.1　关于建筑部位及要素的意象测试

日本人关于建筑部位及要素的意象测试结果如图4-10所示。结果表明，比例项目中，A、B、D具有日本特色，C、E具有中国特色，这与实际的正确答案一致。色彩项目中，黑色和茶色的低彩度色系代表"日本的"，红色、黄色和绿色等原色系代表"中国的"。以上结果表明，日本人的美学意识中对侘寂的黑色、灰色等朴素的颜色有一种留恋，对于中国建筑，他们则

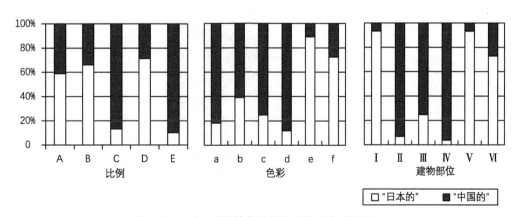

图4-10　关于建筑物部位及要素的意象测试结果

以色彩艳丽的原色系作为推测的标准。在建筑部位项目中，Ⅰ、Ⅴ、Ⅵ代表"日本的"，Ⅱ、Ⅲ、Ⅳ代表"中国的"，与正确答案一致。

4.4.2　关于形容词对的意象测试

日本人关于形容词对的意象测试结果数据的因子分析结果如表4-6所示。特征值在1.0以上的因子，因子得分如表4-7所示。因第三因子的累积贡献率已经达到82.3%，故判定可以选择前三因子。

比较表4-6日本人的结果和表4-3中国人的结果，发现存在若干不同，概观第一因子，由"有装饰的—无装饰的""动的—静的""复杂的—单纯的"等形容词对组成，与表4-3同样命名为"装饰性因子"较为合适。第二因子中，"暖的—冷的""开放的—封闭的""明亮的—昏暗的"等形容词对较为常见，被命名为"明快性因子"。第三因子中，"有趣的—无聊的""曲线的—直线的""对称的—非对称的"等形容词对，故命名为"形体性因子"。"装饰性因子"的贡献率为50.5%，超过半数，其重要度最高。关于装饰性因子，从表4-7因子得分的结果可以看到，因子得分在0.5以上的建筑是E、H、M和O，观察建筑的装饰性较强，而因子得分在-0.5以下的建筑C、I和J其装饰性相对较低，较为简洁。

形容词对意象测试数据的因子分析结果（实验参与者为日本人）　　　　表4-6

	因子载荷			
序号	变量	第一因子	第二因子	第三因子
24	有装饰的—无装饰的	0.976	0.124	-0.042
15	动的—静的	0.948	0.087	0.185
11	复杂的—单纯的	0.889	-0.343	0.111
3	豪华的—朴素的	0.888	0.320	-0.150
10	独特的—平凡的	0.802	0.047	0.542
18	色彩丰富的—无色彩感的	0.792	0.553	-0.119
14	多变的—统一的	0.762	-0.210	0.534
6	精巧的—粗糙的	0.700	-0.429	0.149
9	轻快的—庄重的	-0.584	0.305	0.390
19	水平的—垂直的	-0.586	0.551	-0.308
23	有材料感的—无材料感的	-0.731	-0.511	0.140
2	规整的—混乱的	-0.747	0.269	0.108
8	平面的—立体的	-0.780	0.289	-0.221
7	清新的—沉闷的	-0.886	0.069	0.317
13	亲切的—疏远的	-0.888	0.156	0.176
20	自然的—人工的	-0.896	-0.100	0.275
26	有序的—杂乱的	-0.917	0.197	0.154

因子载荷				
序号	变量	第一因子	第二因子	第三因子
4	稳重的一轻浮的	-0.936	-0.206	0.085
12	温暖的一冷淡的	0.363	0.814	-0.200
1	开放的一封闭的	-0.141	0.766	0.122
25	明亮的一阴暗的	0.669	0.722	-0.053
28	安定的一不安定的	-0.555	0.695	-0.344
16	男性的一女性的	0.453	-0.523	-0.461
17	僵硬的一柔和的	0.282	-0.773	-0.499
5	古典的一新式的	-0.527	-0.809	-0.028
27	有趣的一无聊的	0.230	0.175	0.873
21	曲线的一直线的	0.473	0.148	0.604
22	对称的一非对称的	0.374	0.236	-0.550
特征值		14.137	5.600	3.318
贡献率		0.505	0.200	0.118
累积贡献率		0.505	0.705	0.823
因子名		装饰性	明快性	形体性

日本人的各建筑的因子得分　　　　　　表4-7

编号	装饰性因子	明快性因子	形体性因子
A	-0.191	0.041	-0.564
B	0.323	-0.401	0.024
C	-1.149	0.741	-0.152
D	0.265	-0.691	-0.038
E	1.037	0.437	0.396
F	-0.231	-0.690	0.378
G	-0.140	0.676	-0.604
H	0.681	0.452	0.091
I	-1.209	-0.059	-0.500
J	-0.657	0.107	0.535
K	0.302	-0.413	0.369
L	0.406	0.532	0.314
M	0.500	-0.631	0.002
N	-0.254	0.325	-0.253
O	0.500	-0.303	-0.082
P	-0.363	-0.123	0.085
贡献率	0.505	0.200	0.118

4.4.3 中日建筑特征的排序测试

日本人的中日两国传统建筑特征的排序测试结果如图4-11所示。最具有中国特色的是L，最具有日本特色的是J。关注表4-7所示的第一因子得分绝对值较高的装饰性较强的建筑E、H、M、O以及非装饰性较强的建筑C、I、J，可以发现中国建筑中的E、H、O具有较强中国特色，日本建筑中的C、I、J则具有较强日本特色。

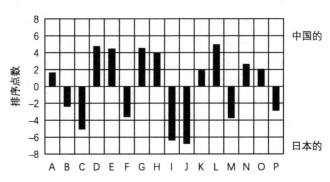

图4-11 关于特征的排序测试结果（实验参与者为日本人）

4.4.4 基于因子分析及排序结果的关于特征的考察

基于因子分析以及排序结果对C、E、H、I、J、L、M、O共8个样本建筑展开进一步分析。按国家分成两组，各个样本建筑的28个形容词对的SD法定量结果以及按国家分组后的平均值如图4-12～图4-14所示，比较日本建筑中具有中国特色的H、M和中国建筑E、L、O结果发现两者具有大致相同的倾向。此外，对于传统建筑，中国人的结果是中国建筑和日本建筑的定量值是一种保持在1～2个幅度差的平行关系。但是，图4-12～图4-14显示，对比日本建筑中具有日本特色的C、I、J和中国建筑E、L、O发现，其形容词对沿着中央轴大致对称排列。进一步关注相差值较大的形容词对可以发现，具有日本特色的形容词是"朴素的""无色彩感的""平面的""自然的""有序的""稳重的"；而具有中国特色的形容词则是与日本特色词义

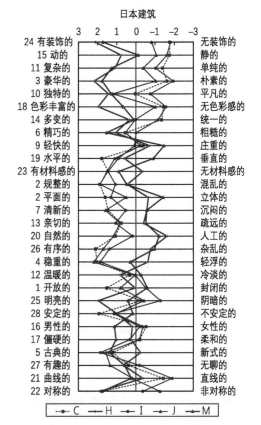

图4-12 形容词对量化结果1（实验参与者为日本人）

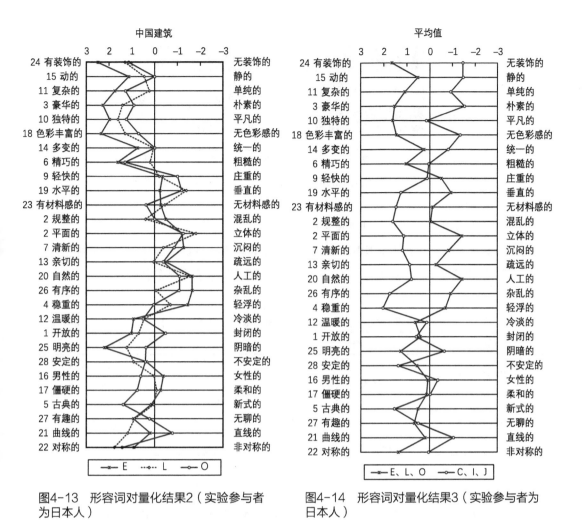

图4-13　形容词对量化结果2（实验参与者为日本人）

图4-14　形容词对量化结果3（实验参与者为日本人）

相反的，"豪华的""色彩丰富的""立体的""人工的""杂乱的""轻浮的"等形容词。

由此可见，日本人感受认知的日本特色是用"无装饰的""平面的""无色彩感的""有序的""稳重的"等来概括，可以感受到一种融入周边环境的透明感；而日本人感受认知的中国特色则是"色彩丰富的""人工的""立体的""豪华的""丰富的"等来概括，与透明的日本特色相反，具有一种从周边环境脱颖而出的存在感。

4.4.5　中日传统建筑特色判断测试

日本人的中日传统建筑特色判断测试中重要因素的评价结果如图4-15所示。具有中国特色的要素中，色彩彩度占31%，色彩组合占26%，与色彩相关的要素占57%。具有日本特色的要素中，整体造型占31%，各部位的均衡占18%，与建筑比例相关的要素占49%。结合建筑物部位及要素和形容词对的意象测试结果可知，日本人在认知中国特色时重要因素是色彩和装饰

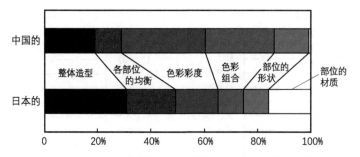

图4-15　关于特色判定测试的重要因素的判定结果（实验参与者为日本人）

性，而认知日本特色时最关注的则是建筑比例以及统一性。

表4-8罗列了关于以上判断理由的文字，总结了日本人在认识中国特色和日本特色时的关键词。不难看出这些文字正好是本书4.4.4节中指出的透明感和存在感的补充。

关于特色评价的理由概要（实验参与者为日本人）			表4-8
项目	比例	色彩	建筑部位及要素
中国传统建筑	安定感	赤、黄、明亮的颜色	曲线屋面
	立体的、曲线的		跃动感强
日本传统建筑	均衡性强	无彩色系	有素材感
	形态变化少	色彩比较暗淡	墙上装饰物少
	直线的、平面的		

4.5　关于中日两国特色认识及形成的比较

4.5.1　特色形成过程的中日两国人的比较

根据本书4.3节和4.4节的结果，综合梳理了中日两国人的传统建筑特色认识意象的形成过程，结果如表4-9所示。可以看到中日两国人在认知本国建筑的特色时，主要关注的是与建筑比例相关的要素。而对于对方国家的建筑，则表示出对于色彩相关要素的关注。

建筑的比例常常表达着建筑整体造型和各部位的均衡性，是常年受当地气候、风土、文化的影响而形成的。因此，对于熟悉的本国建筑来说，"形"就被人们无意识地认知为特色的重要因素。相反，色彩具有强烈的视觉冲击效果，具有唤起瞬间印象的力量。所以不管中国人还是日本人，对于自己并不熟悉的对方国家的建筑，色彩能够给予最大的影响。概括以上分析得出，中国人和日本人在认知特色形成意象时，对于本国传统建筑是由"形"开始发展到"色"再派生到"部位"，而对于对方国家的传统建筑则是由"色"到"形"再派生到"部位"。

中日两国人的传统建筑特色认知意象的形成过程   表4-9

意象形成的过程		起	承	转	结
本国建筑	中国人→中国特色	比例	整体的形	彩度	材质
			局部的形	色彩组合	
	日本人→日本特色	整体的形	比例	彩度	色彩组合
			材质		局部的形
	关注点		"形"→"色"→"部位"		
他国建筑	中国人→日本特色	局部的形	彩度	整体的形	比例
				色彩组合	材质
	日本人→中国特色	彩度	色彩组合	比例	材质
			整体的形	局部的形	
	关注点		"色"→"形"→"部位"		

4.5.2　基于意象阶层构造模型评价的比较

使用本书4.2节实施SD法的形容词对意象测试得到的数据结果，运用第3章中提出的形容词对意象阶层构造模型进行评价。具体计算方法是把从属于各层的形容词对的数据按层进行计算统合，并算出各层的平均值，用以探讨比较中日传统建筑外观意象的特色认知过程的中日差异。

意象阶层构造模型的评定尺度计算结果如图4-16、图4-17所示。采用中国人和日本人分开表示样本建筑A～P意象阶层构造模型各层评定尺度平均值的结果。首先，分析"材料""构成""空间""装饰"这4个要素的独立表现层，以及与4个要素全部相交的评价层，发现评价轴的中日建筑的中日两国人差异不是很大，但是，表现层的4个轴的中日建筑的中日两国人差异相对较大。为了进一步探讨这些差异的大小，再次计算中国人和日本人的各轴得分差的绝对值，并对全部样本取平均值。得到的数据能够表达中国人和日本人在认知意象时的差别。数据结果是，评价轴0.35分，材料轴0.55分，构成轴0.56分，空间轴0.56分，装饰轴0.50分。

其次，分析2个要素交叉的意象Ⅰ层发现，中日两国人在很多样本建筑中存在"空间+装饰"轴的差异。各轴得分差的绝对平均值分别为，"材料+构成"轴0.47分，"构成+空间"轴0.23分，"空间+装饰"轴1.19分，"装饰+材料"轴0.34分。

最后，分析3个要素交叉的意象Ⅱ层发现，中日两国人在很多样本建筑中存在"装饰+材料+构成"轴的差异。各轴得分差的绝对平均值分别为，"装饰+材料+构成"轴0.86分，"材料+构成+空间"轴0.37分，"构成+空间+装饰"轴0.51分，"空间+装饰+材料"轴0.32分。综上所述，表现层中的"材料""构成""空间""装饰"，意象Ⅰ层中的"空间+装饰"，意象Ⅱ层中的"装饰+材料+构成"存在较大的差异。因此可以说人们在认知建筑意象、捕捉特征时，不管是中国人还是日本人，其综合的评价和判断大致相同，但在做判断和综合评价之前，感知各表现层以及意象层内的方法存在较大的差异。

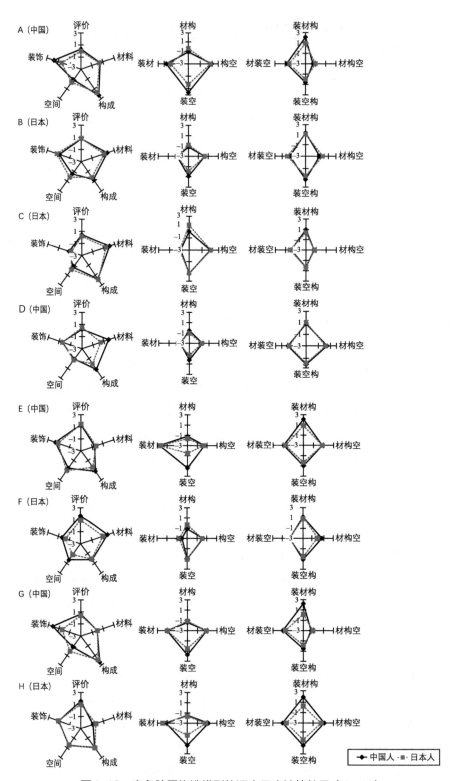

图4-16 意象阶层构造模型的评定尺度计算结果（A～H）

中日建筑意象差异比较研究

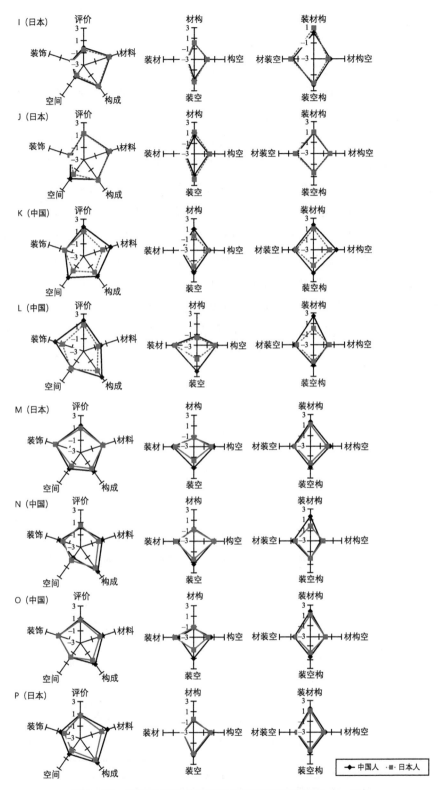

图4-17 意象阶层构造模型的评定尺度计算结果（I~P）

4.5.3 基于图形化模型分析的比较

为了探讨意象阶层构造模型各要素间仍不明确的因果关系以及要素间的关联情况，采用在第3章中提出的图形化模型进行进一步分析。图形化模型是用图来表达变量相关关系的概率模型，是通过观察相关系数矩阵再现程度，过滤变量间最弱相关、抽取较强相关的方法[10][11]，即基于数据将不明确的因果关系以及要素间的关联情况进行模型化，并验证其妥当性的方法。

本小节探讨了将意象阶层构造模型的各层到评价的过程，使用的数据是中国人和日本人分组后所有样本建筑的各层内要素的平均值。具体步骤是：步骤1，制作将各层内要素作为变量且要素间不存在因果关系的无向独立图。步骤2，制作有各层内要素和评价要素组合成的变量组且考虑其顺序的连锁独立图。此时，将步骤1所属变量间全部加以连线，将偏相关系数矩阵的绝对值最小的偏相关系数设为0反复进行简化判断，依次削除弱相关。步骤3，将步骤2中得到的步骤1所属变量用步骤1中得到的无向独立图进行置换，得到最终的图形化模型。

图形化模型的分析结果如图4-18所示，图中数据表示偏相关系数。首先，在评价层的各要素关系中，中日两国人的意象Ⅰ层和意象Ⅱ层的结果大致相同。在表现层中，层间的最强关系，中日两国人都是"空间"要素，其次的相关关系中，中国人是"装饰"要素，日本人是"构

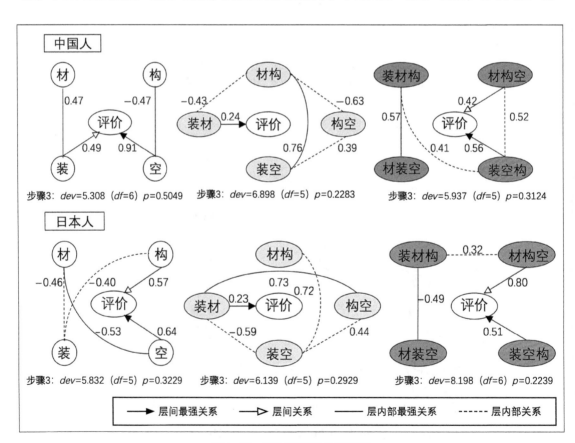

图4-18 图形化模型分析结果

成"要素。以上结果与图4-16、图4-17所示中日两国人的综合评价判断结果相一致。其次，关于各层内要素间的关系，得到了中国人的各层内主要是与材料和装饰相关的要素（"材料—装饰""材料+构成—装饰+材料""装饰+材料+构成—材料+装饰+空间"）而日本人是与材料和空间相关的要素（"材料—空间""装饰+材料—构成+空间"）之间存在关联。综合以上结果可知，中国人在认知判断中国特色和日本特色时主要关注装饰，而日本人在认知判断中国特色和日本特色时则对空间比较关注。

4.6　小结

　　关于中国传统建筑和日本传统建筑，着眼于建筑外观意象认知、形成的过程，通过意象心理实验，中日两国人各自感知的建筑中的中国特色和日本特色，以及做出这些判断的决定性要素和认知过程，经过比较分析，研讨结果如下：

　　（1）中国人感知的日本特色的意象是"无装饰的""轻快的""自然的""无色彩感的"等形容词汇合在一起给人的一种无垢感。

　　（2）中国人感知的中国特色的意象是"有装饰的""古典的""稳重的""对称的""庄重的""人工的"等形容词汇合在一起给人的一种庄严感。

　　（3）日本人感知的日本特色的意象是"无装饰的""无色彩感的""平面的""有序的""朴素的"等形容词汇合在一起给人的一种透明感。

　　（4）日本人感知的中国特色的意象是"色彩丰富的""人工的""立体的""豪华的"等形容词汇合在一起给人的一种存在感。

　　（5）在建筑外观意象认知、形成的过程中，中日两国人对于本国建筑，都是由"形"到"色"再派生到"部位"，而对于对方国家的建筑，都是由"色"到"形"再派生到"部位"。

　　（6）运用本书提出的意象阶层构造模型，对中日传统建筑外观意象评价得到，在认识特色时，不管是中国人还是日本人，其综合的评价和判断大致相同，但在做判断和综合评价之前，感知各表现层以及意象层内的方法存在较大的差异。

　　（7）关于感知特色时的差异，图形化模型的分析结果表明，中国人主要关注装饰，而日本人则对空间比较关注。

本章参考文献

[1]　飯田須賀斯：中国建築の日本建築に及ぼせる影響—特に細部に就いて—，相模書房，pp.12, 1953.10.

[2]　岡島達雄，金　東永，麓　和義，内藤　昌：日本・韓国伝統建築空間のイメージ評定尺度抽出　日本・韓国伝統建築空間のイメージ特性（その1），日本建築学会計画系論文集，No.458, pp.171-177, 1994.4.

[3]　岡島達雄，金　東永，麓　和義，内藤　昌：構成部位・要素からみた日本・韓国伝統建築のイメージ特性　日本・韓国伝統建築空間のイメージ特性（その2），日本建築学会計画系論文集，No.464, pp.209-214, 1994.10.

[4]　金　東永，岡島達雄，麓　和義，黄　武達，内藤　昌：日本・台湾伝統建築空間のイメージ特性，日本建築学会計画系論文集，No.475, pp.203-208, 1995.9.

[5]　金　東永，岡島達雄，麓　和義，内藤　昌：日本・韓国・台湾伝統建築外観のイメージ特性，日本建築学会計画系論文集，No.517, pp.307-312, 1999.3.

[6]　梁　軍，河辺伸二，石川　肇，岡島達雄：日本と中国の商品化住宅の外観的なイメージ比較，日本建築学会東海支部研究報告集，No.38, pp.81-84, 2000.2.

[7]　宮本文人：環境の意味をとらえる—キャンパスの外部空間構成，日本建築学会編：建築・都市計画のための空間学，井上書院，pp.90-102, 1990.11.

[8]　岡島達雄，渡辺勝彦，野田勝久，若山　滋，内藤　昌：建築空間のイメージと構成部材の知覚的特性からみた日本建築の空間特性　日本伝統建築における空間特性（その4），日本建築学会計画系論文報告集，No.367, pp.98-107, 1986.9.

[9]　岡島達雄，苅谷健司，金　東永，河田克博，都築一雄：神宮関係建築のイメージ特性神宮関係建築の経年変化に関するイメージ評価の変容（その1），日本建築学会計画系論文報告集，No.472, pp.185-190, 1995.6.

[10]　日本品質管理学会テクノメトリックス研究会：グラフィカルモデリングの実際，日科技連出版社，1999.5.

[11]　日本建築学会：よりよい環境創造のための環境心理調査手法入門，技報堂，2000.5.

第 5 章

中日近代建筑外观意象比较

5.1 背景及目的

　　在亚洲，自古以来并存着三大建筑文化圈：中华建筑文化圈、印度建筑文化圈和伊斯兰建筑文化圈。它们之间也有交流，但总体来说在各自的领域独立发展而来。在东亚，中国和日本在保持相互密切交流的同时也创造了各自独特的文化。然而进入19世纪以来，随着西方建筑文明的侵入，中日两国建筑近世的体制逐渐趋于崩溃[1]。中日两国纷纷踏进近代，逐渐被西方化。两国建筑在传统的基础上引入了西方文化、技术和材料，从最初被称为"国际样式"的殖民地建筑到唐人街建筑、仿洋风建筑，到现代主义建筑，在近代建筑这个新的框架下建造出多种多样的建筑。其中，对于中日建筑能够感受到建筑创作时无意识地设计出"中国的"或是"日本的"特色。但是，与中日两国近代建筑的独立性、类似性相关的意象认识的方法尚不明确。因此通过解读、整理人们直接感受到的两国近代建筑的特色、清晰本国意象，在全球化的今天，对于阐明各民族的个性非常重要。

　　本书在第4章围绕中国和日本的传统建筑，就中日两国人对传统建筑特色的特征及判断要素，以及中日两国人在感受传统建筑特色时关注点的不同进行了分析，阐明了判断特色意象的形成、认知的过程。对于意象认识的评价则通过建筑部位要素的整理、采用与建筑空间表现相关的28组形容词对的因子分析，以及图形化模型的分析方法进行了深入探讨。以上这些评价方法只限定于对东方意象的分析，因此有必要进一步探讨受到西方影响的近现代建筑的意象。

　　近年来关于中国和日本近代建筑比较的相关研究主要有以下内容。在中国关于中日近代建筑历史的研究，文献[2]以中日近代建筑历史为对象，文献[3]以中日近代建筑的建筑技术和建筑师为对象，对中日两国建筑的近代化过程进行了比较。日本在建筑史领域，以文献[4-5]为代表，对亚洲特别是中国近代建筑进行了比较多的调查研究，但是对中日建筑外观意象的比较研究极为少见。

　　本章围绕受西方化影响最为显著时期的近代建筑，对其外观感受的意象的认知以及形成，以日本大学生、研究生为对象进行了两个阶段的心理实验，以此探究关于日本人的中日两国近代建筑的特色的形成过程，运用第3章提出的图形化模型分析让人感受到的这种中国特色和日本特色，并进一步探讨了适用于评价近代建筑特色的分析方法，比较考察两国特色的特性。

5.2 意象心理实验 I 的概要及结果

5.2.1 关于意象心理实验 I 的内容

19世纪中期的中日两国，以殖民地式建筑为首，建造了如西洋古典主义样式、帝冠样式、现代主义样式和仿洋风样式等多样风格的近代建筑。因此对于中日近代建筑外观的意象，进行了两阶段的意象心理实验。意象心理实验 I 是为了寻找最合适的样本建筑，基于文献[6-7]的建筑目录，在中国和日本大约1850-1950年间建造的建筑中，以随机抽选的方式，选出了中日近代建筑物各20栋、合计40栋作为实验对象[8-11]。以日本国立宇都宫大学工学部建设学科建筑学课程教授以及副教授共计12名作为实验参与者，进行了关于形容词对"古典的—现代的"和"东洋的—西洋的"的意象心理实验 I。表5-1概括了意象心理实验 I 及心理实验 II 的内容。图5-1展示中国近代建筑的照片，图5-2展示日本近代建筑的照片，表5-2、表5-3分别为意象测试 II 中采用的中日近代样本建筑。

意象心理实验 I 及心理实验 II 的内容概要		表5-1
心理实验	项目	内容概要
I	意象心理实验 I	形容词对"古典的—现在的""东洋的—西洋的"的5个阶段进行评价的意象测试
II	个人信息	年龄、性别、建筑专业知识的有无，中国信息源的调查
	意象心理实验 II	28个形容词分别用7个阶段进行评价的意象测试

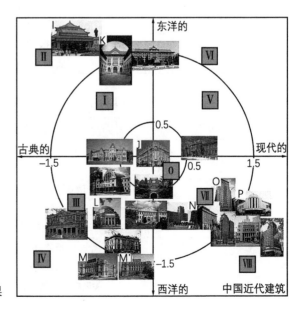

图5-1 心理实验 I 的中国近代样本建筑及结果

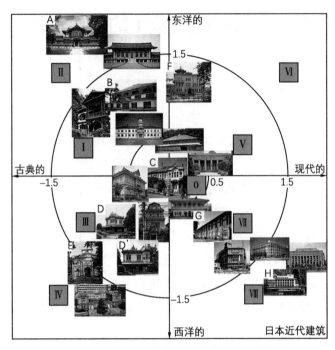

图5-2 心理实验Ⅰ的日本近代样本建筑及结果

		意象心理实验Ⅱ的中国近代样本建筑		表5-2
区间	编号	中国近代建筑	所在地	建筑年份
Ⅱ	I	广州中山纪念堂	广州	1931
Ⅰ	J	同义庆百货商店	哈尔滨	1920
0	K	满铁奉天公所	沈阳	1924
Ⅲ	L	清华大学大礼堂	北京	1920
Ⅳ	M	大连宾馆	大连	1909
Ⅶ	N	青年会大楼	上海	1931
Ⅶ	O	中国银行大楼	上海	1936
Ⅷ	P	美琪大戏院	上海	1941

		意象心理实验Ⅱ的日本近代样本建筑		表5-3
区间	编号	日本近代建筑	所在地	建筑年份
Ⅱ	A	奈良县物产陈列所	奈良	1902
Ⅰ	B	开城馆	福岛	1874
0	C	俄罗斯驻函馆领事馆	北海道	1910
Ⅲ	D	盛美馆	青森	1908
Ⅳ	E	帝国奈良博物馆本馆	奈良	1894
Ⅴ	F	藤井有邻馆	京都	1926
Ⅶ	G	富冈制丝厂	群马	1871
Ⅷ	H	关西电力黑部川第二发电厂	富山	1938

中日建筑意象差异比较研究

5.2.2　意象心理实验Ⅰ的评价方法

心理实验Ⅰ的评价方法是采用形容词对"古典的—现代的"和"东洋的—西洋的"分割为–2～+2的5个阶段进行评价，并根据实验结果按照其平均值将40栋建筑分别放置于以"古典的—现代的"和"东洋的—西洋的"为主轴划分成的4个区域。

5.2.3　意象心理实验Ⅰ的结果及考察

意象心理实验Ⅰ的结果分别如图5–1和图5–2所示。在进行意象心理实验Ⅱ时，选取了平均选择距离坐标轴中心相对等距的具有代表性风格的近代建筑，中国建筑的范围为：0～Ⅳ区间中各1个，Ⅶ区间2个，Ⅷ区间1个。日本建筑的范围为：0～Ⅴ区间各1个，Ⅶ和Ⅷ区间各1个。合计16栋样本建筑。

此外，关于"古典的—现代的"和"东洋的—西洋"的结果，越往东洋和古典方向就越接近历史建筑，越往西洋和现代方向就越接近近代的新的建筑形式。处于原点附近的则是风格相对比较简单或是各种样式混合存在的建筑。另外，在本次实验的样本中没有符合"现代的—东洋的"这一范围的建筑物。这正反映了中日两国的近代建筑当时的处境。

除此之外，在本实验中，将从不同角度和方向拍摄的同一建筑物用撇号作为标记。从结果可以看到改变拍摄角度并不会在视觉上产生较大的差异，拍摄的角度和方向不作为影响意象差异的因素。

5.3　意象心理实验Ⅱ的概要及结果

5.3.1　意象心理实验Ⅱ的内容

意象心理实验Ⅱ使用了通过意象心理实验Ⅰ选取的能够代表中日近代建筑的16栋建筑作为研究对象，以日本大学生为实验参与者，通过不同的形容词对进行了意象测试。表5–1概括了意象心理实验Ⅱ的内容。图5–1和图5–2为意象实验Ⅱ中使用的样本建筑，具体建筑信息在表5–2和表5–3中列出。

意象心理实验Ⅱ的实验参与者为日本大学的本科生、研究生和建筑专业的高职生，包括了具有一定建筑学专业知识的和不具有相关专业知识的学生，共165名。其中，日本国立宇都宫大学工学部建筑学系一年级本科生68人（包括一部分建设工学系的学生），二年级本科生38人，三年级本科生22人，四年级本科生及建筑系一、二年级硕士研究生17人，以及小山工业高等专门学校建筑系五年级生20人。

5.3.2 意象心理实验Ⅱ的评价方法

意象心理实验Ⅱ采用了第4章中基于28个形容词对的SD法，并进行了因子分析。作为评价顺序，首先是意象心理测试实验参与者采用28个形容词分别用7个阶段对16个样本建筑进行评价，再根据测试结果和建筑对象的平均值进行因子分析，并求出典型特征值、因子得分及特征值，最后提取影响因子。

5.3.3 意象心理实验Ⅱ的结果及考察

关于形容词对结果如表5-4所示。统计了特征值在1.0以上的因子，第一因子中包含的"独特的—平凡的""有趣的—无聊的""明亮的—昏暗的"等形容词对的因子载荷较大，所以将因子命名为"评价性因子"。第二因子中包含了"轻快的—庄重的""安定的—不安定的"等形容词对，故命名为"律动性因子"。第三因子中包含了"清新的—沉闷的""自然的—人工的"等形容词对，故命名为"调和性因子"。其中，第一因子的"评价性因子"的贡献率为43.7%，其可信度较高。关于评价性因子，从表5-5的因子得分结果可以看出因子得分在0.5以上的建筑是D、I和J，比较验证实际的建筑照片，发现相对都具有传统的、仿洋式建筑的特征，而因子得分在–0.5以下的建筑是G、H和N，都是相对具有西方现代主义简约性的建筑。

形容词对意象测试数据的因子分析结果　　　　表5-4

		因子载荷		
序号	变量	第一因子	第二因子	第三因子
10	独特的—平凡的	0.950	−0.121	0.072
27	有趣的—无聊的	0.922	−0.257	0.154
25	明亮的—阴暗的	0.919	0.047	0.001
15	动的—静的	0.907	0.306	−0.230
24	有装饰的—无装饰的	0.885	−0.362	−0.074
12	温暖的—冷淡的	0.872	−0.009	0.237
18	色彩丰富的—无色彩感的	0.821	0.137	0.119
3	豪华的—朴素的	0.818	−0.487	−0.154
11	复杂的—单纯的	0.795	−0.530	−0.207
14	多变的—统一的	0.792	0.211	−0.299
13	亲切的—疏远的	0.764	0.282	0.482
8	平面的—立体的	−0.761	0.181	0.278
1	开放的—封闭的	0.740	0.258	0.259
17	僵硬的—柔和的	−0.724	−0.431	−0.422
16	男性的—女性的	−0.656	−0.447	−0.249

因子载荷				
序号	变量	第一因子	第二因子	第三因子
26	有序的—杂乱的	-0.579	0.392	0.491
21	曲线的—直线的	0.570	0.102	0.401
9	轻快的—庄重的	0.040	0.930	0.214
28	安定的—不安定的	-0.182	-0.713	0.474
6	精巧的—粗糙的	0.630	-0.678	-0.212
23	有材料感的—无材料感的	0.186	-0.640	0.551
22	对称的—非对称的	-0.107	-0.559	0.411
5	古典的—新式的	-0.231	-0.474	-0.101
7	清新的—沉闷的	0.305	0.235	0.673
20	自然的—人工的	0.366	-0.053	0.671
2	规整的—混乱的	-0.490	-0.325	0.641
19	水平的—垂直的	-0.335	0.103	0.604
4	稳重的—轻浮的	-0.486	-0.468	0.577
	特征值	12.236	4.790	4.142
	贡献率	0.437	0.171	0.148
	累积贡献率	0.437	0.608	0.756
	因子名	评价性	节奏型	调和性

各建筑的因子得分 表5-5

编号	评价性	节奏型	调和性
A	-0.193	-0.798	0.475
B	0.251	1.018	0.635
C	0.319	0.498	-0.068
D	0.690	0.559	0.032
E	-0.098	-1.043	-0.272
F	-0.048	0.307	-0.453
G	-1.121	0.175	0.843
H	-1.201	0.071	-0.409
I	0.527	-0.508	-0.312
J	0.766	-0.292	-1.221
K	0.336	-0.269	0.332
L	0.226	-0.137	0.471
M	0.230	-0.756	-0.434
N	-0.789	0.011	0.240

编号	评价性	节奏型	调和性
O	0.296	0.283	-0.113
P	-0.191	0.883	0.252
贡献率	0.437	0.171	0.148

　　基于因子分析的因子得分结果，对D、G、H、I、J、N共6个样本建筑展开进一步分析。中国建筑I、J与日本建筑G、H的28组形容词对的SD法定量化平均值结果如图5-3所示。其中左右偏差值较大的形容词对除了"独特的—平凡的""有趣的—无聊的"等具有整体性评价的形容词对之外，较为突出的是"明亮的—阴暗的""动的—静的""有装饰的—无装饰的"等具有具体性评价的形容词对。

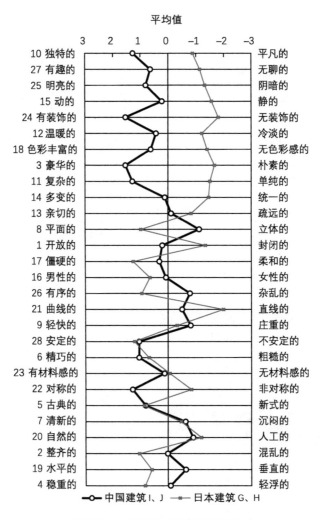

图5-3　28形容词对的定量化结果

5.4 中国特色和日本特色的认知过程比较

5.4.1 基于意象阶层构造模型评价的比较

使用意象心理实验Ⅱ实施的SD法的形容词对的数据结果，运用第3章中提出的形容词对意象阶层构造模型进行评价。具体是把从属于各层的形容词对的数据按层计算统计，并算出各层的平均值，本章从各个区间着手，探讨比较中日近代建筑外观意象的认知过程的差异。

按照区间划分，样本建筑A～P的意象阶层构造模型的各层评定尺度平均值结果如表5-6及图5-4所示。各区间内得分的差值，在一定程度上可以体现出日本人在认知中日两国建筑意象时的意识差异。从结果可知，在0、Ⅰ、Ⅳ区间，中国建筑和日本建筑之间的差异比较少。然而，在区间Ⅱ中，"材料""空间""装饰+材料""材料+结构+空间"方面存在明显差异。在区间Ⅲ中，尤其是"构成""材料+构成+空间"方面存在差异。在区间Ⅶ中，"材料""构成""空间""构成+空间"方面存在差异。区间Ⅷ中，"空间""空间+构成"方面存在差异，并且与其他区间不同的是甚至在"评价"阶段也出现了差异。

意象阶层构造模型的评定尺度计算结果　　　　表5-6

建筑	材料	构成	空间	装饰	构材	空构	装空	材装	构材装	空构材	装空构	材装空	评价
A	1.388	1.442	-0.630	0.509	0.091	0.624	0.503	-0.782	1.267	-1.061	0.188	0.005	0.273
B	-0.255	0.988	0.327	-0.136	-0.473	0.614	0.293	0.903	-0.139	-0.491	0.059	0.278	0.370
C	0.358	0.061	-0.367	0.170	-0.976	-0.990	-0.307	0.800	0.524	0.188	-0.224	0.196	0.430
D	0.218	-0.364	0.488	0.152	-0.109	-0.451	0.200	0.697	0.676	1.030	0.333	0.115	1.097
E	0.539	1.473	-0.994	0.742	-1.224	0.168	0.168	-1.206	0.885	-0.418	0.077	0.058	0.727
F	-0.352	0.000	-0.370	0.200	-1.230	-0.828	-0.105	-0.364	0.321	-0.036	-0.123	0.023	0.161
G	0.752	1.400	-1.606	-0.512	-1.097	0.162	0.754	-0.818	0.097	-1.782	0.028	-0.137	-0.685
H	-0.879	0.333	-1.297	-0.645	-1.297	-0.640	0.119	-1.994	0.288	-1.133	-0.556	-0.791	-1.336
I	0.285	0.812	0.291	0.818	-0.418	0.196	-0.093	0.491	1.188	0.133	0.149	0.193	0.876
J	-0.030	0.806	0.130	0.797	-1.382	-0.253	-0.905	0.745	1.152	0.091	0.178	0.424	1.030
K	0.285	1.206	-0.324	0.561	-0.691	0.275	0.366	1.473	0.809	-0.236	0.384	0.547	0.976
L	0.739	1.406	-0.242	0.127	-0.655	0.265	0.677	-0.042	0.258	0.073	-0.008	0.115	0.879
M	0.430	1.394	-0.318	0.5591	-1.206	-0.107	-0.176	-0.339	1.327	-0.412	0.046	0.361	0.521
N	-0.055	1.030	-1.218	-0.342	-1.218	-0.638	0.402	-0.915	0.064	-1.333	-0.293	-0.270	-0.912
O	0.012	0.321	-0.406	0.118	-1.515	-0.792	0.705	-0.127	0.261	-0.958	0.075	0.239	0.233
P	-0.315	0.691	0.045	-0.694	-1.236	0.701	0.444	-1.430	-0.512	-0.582	0.261	-0.367	0.188

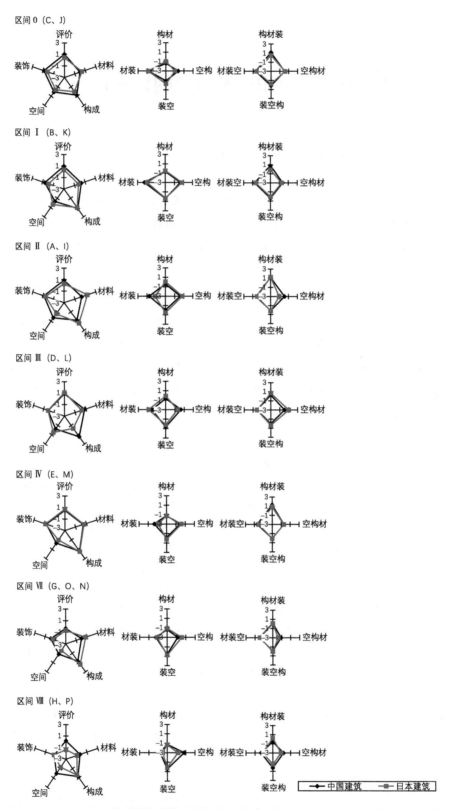

区间0 (C、J)

区间Ⅰ (B、K)

区间Ⅱ (A、I)

区间Ⅲ (D、L)

区间Ⅳ (E、M)

区间Ⅶ (G、O、N)

区间Ⅷ (H、P)

●—— 中国建筑 ■—— 日本建筑

图5-4 各区间的意象阶层构造模型的认知形成（区间0、Ⅰ、Ⅱ、Ⅲ、Ⅳ、Ⅶ、Ⅷ）

　中日建筑意象差异比较研究

整理以上结果发现，日本人在认知中国和日本近代建筑特色时，区间0、Ⅰ、Ⅳ，即风格简约和混合样式的建筑，以及具有西方古典风格的建筑，不论是中国的还是日本的，其认知的方法没有较大差异。再看其他的区间，表现层中的对于"材料""构成""空间"的判断存在一定的差异，在相对现代的、西方的Ⅷ区间中，其评价层都出现了差异。由此可见，日本人在认知中国以及日本的近代建筑特色时，在表现层和综合评价层的判断上出现差异，但是，中间的意象Ⅰ层、意象Ⅱ层的意象认识方法上并不存在较大的差异。

在区间0~Ⅷ中，日本建筑的绝对值减去中国建筑的绝对值的结果如表5-7所示。这一绝对值的差体现了在意象阶层构造模型中的日本建筑和中国建筑各自意象的偏差值的大小。偏差值越大，对固有意象的判断就越容易。也就是说，判定标准的绝对值的差越大，越容易判断日本特色，绝对值的差越小，越容易判断中国特色。

由意象阶层构造模型计算结果得出的各区间内中日近代建筑的差值　　　表5-7

区间	指标	材料	构成	空间	装饰	构材	空构	装空	材装	构材装	空构材	装空构	材装空	评价
0	|C|-|J|	0.327	-0.745	0.236	-0.627	-0.406	0.737	-0.598	0.055	-0.627	0.097	0.046	-0.228	-0.600
Ⅰ	|B|-|K|	-0.030	-0.218	0.003	-0.424	-0.218	0.339	-0.073	-0.570	-0.670	0.255	-0.325	-0.270	-0.606
Ⅱ	|A|-|I|	1.103	0.630	0.339	-0.309	-0.327	0.428	0.410	0.291	0.079	0.927	0.038	-0.188	-0.603
Ⅲ	|D|-|L|	-0.521	-1.042	0.245	0.024	-0.545	0.186	-0.477	0.655	0.418	0.958	0.325	0.000	0.218
Ⅳ	|E|-|M|	0.109	0.079	0.676	0.152	0.018	0.061	-0.008	0.867	-0.442	0.006	0.303	-0.303	0.206
Ⅶ	|G|-(N+O)/2|	0.730	0.724	0.794	0.400	-0.270	-0.554	0.200	0.297	-0.065	0.636	-0.081	0.122	0.345
Ⅷ	|H|-|P|	0.564	-0.358	1.252	-0.048	0.061	-0.061	-0.325	0.564	-0.224	0.552	0.295	0.424	1.148

5.4.2　基于图形化模型分析的比较

意象阶层构造模型各区间内各要素之间的关系尚不明了。为了讨论各要素间的因果关系和相关性，采用了本书第3章提出的图形化模型分析方法。图形化模型是基于数据将不明确的因果关系以及要素间的关联情况进行模型化，并验证其妥当性的方法。

意象阶层构造模型的各阶层内的标准要素采用了全部样本建筑的平均值。计算过程与第4章相同，通过三个步骤得到图形化模型。图形化模型的分析结果如图5-5所示，图中数据表示偏相关系数。

首先，在评价层的各要素的关系中，在意象Ⅰ层和意象Ⅱ层面上中国建筑和日本建筑上得到的结果大致相同。只是在关系的密切度上有所差异。以上结果与图5-4所示的日本人对中国近代建筑及日本近代建筑的综合性评价的判断结果保持一致。其次，关注各区间内的要素间的关系发现，关于中国近代建筑材料与构成（"材料—构成""材料+构成—构成+空间""装饰+材料+构成—装饰+空间+构成"）的相关要素间的关系密切。关于日本近代建筑构成与空间（"构成—空间""构成+空间—装饰+空

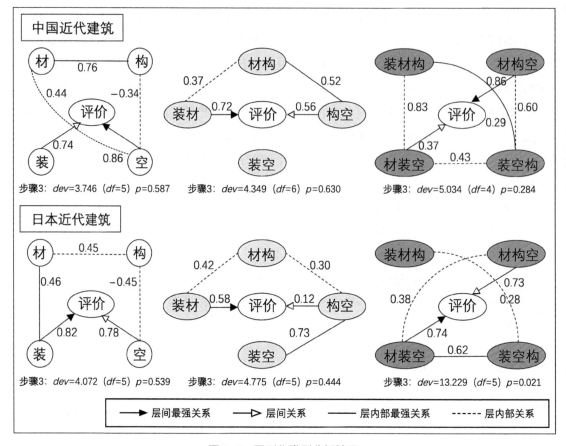

图5-5 图形化模型分析结果

间""材料+装饰+空间—装饰+空间+结构")的相关要素间的关系较为密切。综上所述，日本人对于中国近代建筑主要关注构成，对于日本近代建筑更加在意空间。

5.5 小结

着眼中国近代建筑与日本近代建筑的外观意象，日本人感知的中国特色和日本特色以及认知过程，经过比较分析，结果如下：

（1）对中日近代建筑第一印象的形容词有"独特的—平凡的""有趣的—无聊的"等具有整体性评价的词语，以及"明亮的—阴暗的""动的—静的""有装饰的—无装饰的"等具有具体性评价的词语组成。

（2）根据本书提出的意象阶层构造模型，对中日传统建筑外观意象的评价结果得知：中国和日本近代建筑的特色在表现层和综合评价层的判断上存在差异，但它们在中间的意象Ⅰ层、意象Ⅱ层则没有较大的差异。

（3）关于感知特色时的差异，图形化模型的分析结果表明：中国近代建筑的特色主要关注构成；而日本近代建筑的特色则更加在意空间。

本章参考文献

[1] 村松　伸：アジアの現代建築を分析する，村松伸監修：アジア建築研究—トランスアーキテクチャー/トランスアーバニズム　10+1別冊，INAX出版，pp.268-279，1999.12.

[2] 徐　苏斌：比较·交往·启示——中日近现代建筑史之研究，博士学位论文　天津大学，1991.

[3] 沙　永杰："西化"的历程——中日建筑近代化过程比较研究，上海科学技术出版社，2001.11.

[4] 藤森照信，汪坦監修：全調査東アジア近代の都市と建築，大成建設株式会社，1996.3.

[5] 村松　伸監修：アジア建築研究—トランスアーキテクチャー/トランスアーバニズム　10+1別冊，INAX出版，1999.12.

[6] 藤森照信，汪坦監修：全調査東アジア近代の都市と建築，大成建設株式会社，1996.3.

[7] 村松貞次郎ほか：日本近代建築史再考—虚構の崩壊—，新建築社，1977.3.

[8] 罗　小未：上海建筑指南，上海人民美术出版社，1996.7.

[9] 村松　伸，増田彰久：図説上海　モダン都市150年，河出書房新社，1998.6.

[10] 西澤泰彦：図説大連都市物語，河出書房新社，1999.8.

[11] 村松　伸，浅川　敏：図説北京　三〇〇〇年の悠久都市，河出書房新社，1999.10.

第 6 章

中日现代建筑外观意象比较

6.1 背景及目的

自古以来，在气候、环境、习惯等各种因素的影响下形成了各国的建筑文化。世界各地建造了大量反映各自区域的民族性和地域性的建筑。然而，进入近代之后随着现代主义建筑的诞生，国际化席卷世界，建筑设计也受到无装饰的几何形体等影响，不断地向单一化、同一化发展。此外，随着国际化进程的加快，以后现代主义为开端，开始主张和强调民族共存、文化多样性和自我同一性。在全球化的进程中，整理那些凭借直觉评价的各地域和民族的特色风格，并加以解读，区分这些特色在本质上的差异，对进一步加强和明确地域性和民族性具有重要的意义。中日建筑在历史上有着密切的联系，两者存在许多相似的特点，但也有很多本质上的差异。通过两国建筑外观意象的比较，如果能够明确相似特征中的微妙差异，就有助于找出如同意象中所包含的特色的自我同一性中的细微差异。

本书在第4章中通过因子分析及图形化模型分析比较了中日两国人对中日传统建筑的特征、判断要素及感受建筑外观的认知方式的差异，明确了意象形成和认知的过程。在第5章中，在西方化的影响逐渐在中日近代建筑中显现的背景下，关于近代建筑意象的认知和形成，日本人对中日两国建筑特色的特征以及形成过程，采用图形化模型分析，探讨了适用于近代建筑特色的评价分析法并加以比较。

本章针对身边那些难以判断其特色的中日现代建筑，着眼于建筑外观意象以及包含在意象之中的特色，以中日两国大学生为实验参与者进行两个阶段的心理实验，探索中日现代建筑体现的意象，并对关于是如何认知意象，采用典型相关分析法比较探讨中日两国的现代建筑特色。

6.2 意象心理实验 I 的概要及结果

6.2.1 意象心理实验 I 的内容

对于建筑而言，越接近现代越难进行历史性的评价。第二次世界大战以来，建筑的现代化发展过程中中日两国具有相似的发展阶段。文献[1]将"1980年代至今"作为（世界）建筑的现代后期。文献[2-3]将"1980年代末至今"作为"中国现代建筑的后新时期"。本章将以各种建筑中地域差异少、发展快、对都市环境的形成具有重要作用的现代后期的都市型中高层建筑作为研究对象。

在意象心理实验 I 中，为了选取最合适的样本建筑，从中国建筑学会的《建筑学报》1988年1月至2002年10月约15年里刊登的81栋由中国建筑师设计的所有都市型中高层建筑，以及日本建筑学会的《作品选集》的1989年至2002年约14年里刊登的82栋由日本建筑师设计的所有都市型中高层建筑，合计163栋建筑为实验样本建筑。并以日本国立宇都宫大学工学部的10名中国留学生及10名建筑系的日本研究生为实验参与者。实验内容为，在不告知建筑国别的情况下，将这163栋建筑的彩色照片随机分发给被实验参与者，并让被实验参与者从中分别选出20栋具有中国特色以及20栋具有日本特色的建筑，合计选择40栋建筑。接着分别统计各建筑样本被实验参与者选择为中国特色和日本特色的次数，中国人与日本人分开统计，每被选择一次计1分。

6.2.2 意象心理实验 I 的结果及考察

从实验中具有中国特色和日本特色建筑中，抽取在中国人中得分5分以上或者在日本人中得分5分以上的建筑。整理得到中国人和日本人中得分5分以上的具有中国特色的建筑22栋，具有日本特色的建筑23栋，合计45栋。在本次抽出的结果中没有出现具有日本特色的中国建筑以及具有中国特色的日本建筑。为了建筑规模及种类不重复和相似，从中遴选出中日建筑各13栋，合计26栋作为心理实验 II 的研究对象。样本建筑列表及照片如表6-1及图6-1所示。

意象心理实验 II 的样本建筑列表　　　　　　　　　　表6-1

编号	中国现代建筑	所在地	编号	日本现代建筑	所在地
B	厦门白鹭洲大酒店	厦门	A	久米设计本部大厦	东京
E	北京西单时代广场	北京	C	Itopia Tomigaya Building	东京
H	深圳帝王商业大厦	深圳	D	东京电子健保	东京
J	深圳彭年广场	深圳	F	Nakano Sakagami Sun Bright Twin Building	东京
L	北京京城大厦	北京	G	FIVE	东京
M	深圳天安国际大厦	深圳	I	南大楼	大阪
O	上海金钟广场	上海	K	仁木大厦	东京
Q	鹤城宾馆	齐齐哈尔	N	OBP Castle Tower Building	大阪
S	八一大楼	北京	P	YHP神户事业所	兵库
T	北京天银大厦	北京	R	大广新大阪大楼	大阪
V	镇江宾馆	镇江	U	NSW山梨IT中心	山梨
W	武汉长航大厦	武汉	X	日本桥缘楼	东京
Y	上海城市酒店	上海	Z	K.MIX本部大厦	静冈

图6-1 意象心理实验Ⅱ中使用的建筑样本照片

6.3 意象心理实验Ⅱ的概要及考察

6.3.1 意象心理实验Ⅱ内容

意象心理实验Ⅱ使用了从心理实验Ⅰ中选取的中国与日本的代表性现代都市型高层建筑A～Z共计26栋建筑的外观照片,并以中日两国的大学生为实验参与者,对大学生的建筑嗜好性（test1）、词语联想法[4]①（test2）、建筑特色认知（test3）以及建筑特色的感知要素（test4）共4个阶段进行了心理实验。实验内容的概要如表6-2所示。

日本大学生的调查问卷全部采用日文。在翻译过程中，尽量避免因为翻译造成调查问卷结果的误差。因此，这次调查结果以及数据分别对中国人和日本人进行统计和分析。

意象心理实验Ⅱ的内容概要 表6-2

项目	内容概要
个人信息	年龄、性别、建筑知识的有无，相关中日信息的来源调查
test1	用七个阶段对样本建筑的喜好以及美丑进行评价
test2	从样本建筑物中感受的特征、氛围以及联想（意象）通过语言表达出来（词语联想法）
test3	用七个阶段对样本建筑是否具有中国特色还是具有日本特色进行评价
test4	在每个样本建筑上圈出感受到的test3的建筑特色的具体部位或要素

6.3.2 关于意象心理实验Ⅱ的实验参与者

意象心理实验Ⅱ中的实验参与者与第4章和第5章相同，涵盖了具有建筑学专业知识的学生和不具有相关专业知识的中日大学生。其中，中国人共78名，具体是中国浙江工业大学建筑学专业本科生一、二年级学生36名，三年级学生18名，四年级学生18名，以及五年级学生6名。日本人共102名，具体是日本宇都宫大学工学部建筑学专业本科二年级学生42名，三年级学生39名，四年级学生11名，以及硕士研究生7名、博士研究生3名。

6.4 中国人的意象心理实验Ⅱ结果及考察

6.4.1 中国人的意象心理实验Ⅱ结果

实验参与者中的78个中国人，对各样本建筑的认知情况为，26栋建筑中，认知人数最高的建筑为8人，平均5.9%。由此可见，本次实验避免受认知的影响。

1．test1及test3的结果

test1及test3中以表现人们嗜好的形容词对"喜欢—讨厌""美—丑"以及作为总体认知中日现代建筑意象的"中国的"和"日本的"为评价轴，用–3 ~ 3共七个分值进行评价。评价结

---

① 词语联想法中所用到的词语都是实验参与者自身自由联想到的词语。适用于本章文献[4]中用到的方法。

果的平均值如图6-2所示。结果表明"喜欢—讨厌"与"美—丑"具有相同的倾向。最喜欢的、最美的前三位是建筑G、K、U，最讨厌的、最丑的前三位是建筑E、J、O。从结果看，实验参与者中的中国人对日本现代建筑都较感兴趣，感受到美，对于本国的中国现代建筑却未能表现出很大的兴趣。最具有中国特色的建筑是S、Q、E，最具有日本特色的建筑是X、K、G、D、I。结合建筑照片探讨建筑外观的共通性，发现尺度平均值的绝对值最大的中国建筑的外观总体给人坚硬刻板的感受，而日本建筑则偏向板状的墙面和格栅。

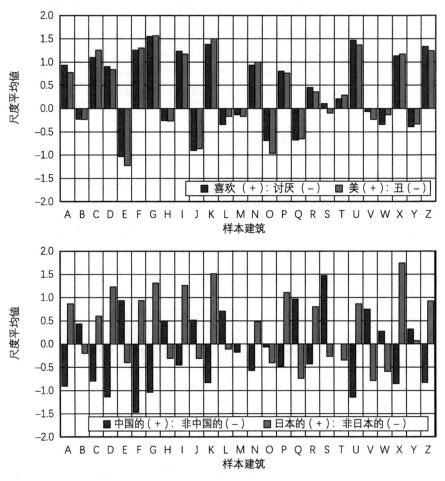

图6-2　test1及test3的结果（实验参与者为中国人）

2．test2的结果

意象test2采用了词语联想法，参照文献[4]的整合方法，将每栋建筑统计的结果以表6-3的形式加以整理，并记录了同一建筑被联想到的相同词语的次数，用频度表示。表6-3中显示的是每栋建筑被联想到的频度为3及以上（约全部回答者的4%）的词语以及次数。表的最左列中数字表示频度3及以上的联想词的个数，表的最右列每个建筑对应三行数字：第一行表示所有

　　　　　　　　　　　　　　　　　　　　　　　　中日建筑意象差异比较研究

联想词的总次数a（包括出现次数仅一次的词语）；第二行表示心理实验参与者人数b，以及该建筑的平均联想词的次数（a/b）；第三行表示频度3及以上的联想词的次数c，以及其在总次数中所占比例（c/a）。

从表6-3可以发现，参加实验的78个中国人，每个建筑样本的联想词的次数在2.04（Y）~3.23（S，N），平均联想次数为2.60。各建筑的词语频度3及以上的联想词在17个（J、V）~28个（G、N），占全部回答数的50%以上。其中这一比例较高的是建筑S（75.5%）和建筑Q（73.5%），较低的是建筑J（50.7%）。从各建筑首位的词语频度来看，26栋建筑中有24栋建筑的频度超过了10，频度超过10的词语有58个。频度高的是建筑S（庄严的，频度25）和建筑U（通透，频度24）。

根据以上结果可以得出，不同建筑出现的高频度词语有一定的差异，但各建筑频度3及以上的词语的合计次数超出全部回答数的50%，某些建筑则可以用相对少量的词语加以形容。也就是说，中国人从中日现代建筑外观联想词语时，不同的建筑词语表达上有所差异，但对于每个建筑的联想词语是比较限定的，一般会在30个以内。

test2结果（实验参与者为中国人）   表6-3

编号①	从建筑感受到的特征、氛围及联想的词（出现频度3以下省略）								结果②
A26	通透20	简洁11	透明10	规整9	现代感9	明亮8	玻璃7	方正7	227
	闪亮6	轻盈5	死板5	明快4	国际化4	光洁4	虚实结合4	金属感4	76（2.99）
	辉煌4	高科技4	单调4	层次4	严谨3	几何感3	棱角3	德国3	151（66.5%）
	照明3	环境3							
B27	曲线20	流动感18	活泼7	混乱7	变化7	酒店6	层次6	波浪6	219
	大5	色彩鲜明5	层叠5	不协调4	平行线4	向上4	圆柱4	韵律4	76（2.88）
	土气4	柔和4	梯形4	船4	死板3	平凡3	现代感3	刺眼3	149（68.0%）
	国产的3	飘带3	轻松3						
C24	简洁21	现代感14	几何感9	玻璃9	严肃7	稳重7	整体感6	规整6	242
	雄伟6	明快6	单调5	通透5	冷峻5	庄重5	明亮4	大气3	75（3.23）
	纯粹3	压抑3	体量3	呆板3	干净3	统一3	无趣3	紧密3	145（59.9%）
D22	杂乱13	现代感11	闪闪的11	精致8	轻盈7	多元素6	流动感6	变化5	189
	构造复杂4	雨蓬4	活泼3	协调3	做作3	华丽3	清水混凝土3	框架3	74（2.55）
	构成3	融合3	线形3	装饰的3	流畅3	简略3			111（58.7%）
E22	巨大15	庄严15	厚实12	笨重12	死板6	稳重6	宏伟6	城墙5	206
	古典5	政府机关5	沉闷5	土气5	规整4	深宫4	色调不和4	岩石4	75（2.75）
	压抑3	水平线3	体量感3	屋顶3	层次3	固执3			131（63.6%）

编号①	从建筑感受到的特征、氛围及联想的词（出现频度3以下省略）								结果②
F25	现代感23	铁构架18	挺拔11	高耸11	高科技9	金属8	简洁7	工业化5	227
	明亮5	雄伟5	高大5	强健4	精致4	轻盈4	写字楼4	冷峻4	74（3.07）
	明快3	国际化3	新颖3	规整3	雕塑感3	干净3	舒服3	壮观3	154（67.8%）
	棱角3								
G28	简洁12	通透12	干净10	明亮10	透明9	现代感8	住宅7	窄7	211
	精致5	舒服5	空间感4	精巧4	简单4	竖墙4	宁静4	温暖4	74（2.85）
	协调4	亲切3	规则3	层次3	韵律3	线形3	大气3	玻璃幕墙3	146（69.2%）
	实用3	融合3	棱角3	错落3					
H21	高耸18	对称7	辉煌7	圆7	挺拔6	单调6	呆板5	现代感4	175
	双塔4	俗气4	光滑4	金属感4	向上3	无聊3	形体丰富3	对比强烈3	74（2.36）
	银行3	平凡3	暖色调3	高贵3	壮丽3				103（58.9%）
I21	质朴17	材质11	厚重9	坡屋顶8	典雅7	宁静6	阴暗6	砖石6	203
	教堂6	现代感6	灰5	沉重5	精致5	传统+现代4	欧洲4	坚固4	72（2.82）
	高耸3	压抑3	沉闷3	温暖3	新颖3	亲切3			121（59.6%）
J17	圆弧10	高耸7	丑5	不协调5	做作4	变化4	夸张4	旋转餐厅4	138
	多余3	呆板3	无聊3	古怪3	塔3	幕墙3	豪华3	无特征3	71（1.94）
	不稳3								70（50.7%）
K19	方正15	现代感10	简洁9	通透8	简单7	宁静5	玻璃盒5	精致4	173
	线条整齐4	规则4	大气4	轻盈3	几何感3	协调3	独特3	稳重3	72（2.40）
	雅3	清晰3	虚伪3						99（57.2%）
L20	单调12	呆板9	高耸8	层次6	规整5	层叠4	屋顶4	大4	155
	干净3	不协调3	韵律3	酒店3	丑3	平板3	简3	凹凸3	76（2.04）
	古老3	孤立3	嘈杂3	条状3					88（56.8%）
M21	简13	UFO9	层次8	堆砌6	杂乱6	酒店6	工业感6	沉稳4	176
	起伏4	奇怪4	稳重4	辉煌4	豪华3	形体丰富3	俗气3	金属感3	72（2.44）
	复杂3	凹凸3	和谐3	壮观3	金色3				101（57.4%）
N28	现代感16	挺拔14	简洁11	高耸11	高大9	严肃8	沉重8	尖锐6	236
	金属感5	冷5	密斯的4	白领4	精细4	气势4	庄重4	规则4	73（3.23）
	坚固3	体块3	整体感3	几何感3	压抑3	线形3	有光泽3	干净3	153（64.8%）
	对比3	细条3	剑3	严谨3					

编号①	从建筑感受到的特征、氛围及联想的词（出现频度3以下省略）								结果②
O21	火箭17	杂11	铅笔10	向上6	混乱6	呆板5	塔4	起伏4	157
	错杂4	复杂4	奇怪4	堆砌3	明快3	变化3	城堡3	现代感3	68（2.31）
	层次3	尖的3	参差不齐3	简陋3	没感觉3				105（66.9%）
P21	通透15	宁静10	宽敞10	简洁9	工厂化6	平面6	现代感5	校园5	189
	单调5	规整4	层次4	严肃4	方正4	明快4	精巧3	韵律3	75（2.52）
	安定3	水平线3	稳重3	研究所3	机械3				112（59.3%）
Q22	古老23	平凡17	单调8	沉闷6	呆板5	温暖5	大学5	教学楼5	162
	昏暗4	室外台阶4	统一4	严肃3	平稳3	凹凸3	实用3	笨重3	73（2.22）
	块3	安静3	结实3	朦胧3	宿舍3	色调柔和3			119（73.5%）
R23	平面9	单调7	对称7	庄重7	严肃7	稳重6	规整6	金属6	188
	雄伟6	简洁5	有光泽5	透明5	现代感5	纯粹4	干净4	后现代4	72（2.61）
	窗很独特4	精致3	清爽3	屋顶3	统一3	沉闷3	日出3		115（61.2%）
S22	庄严25	宏伟16	对称12	传统屋顶11	严肃11	大会堂10	开放6	大5	196
	沉重5	政府机关5	安静5	复古5	回廊4	单调4	呆板3	宫殿3	71（2.76）
	传统3	有气势3	古典3	清爽3	堂堂3	苍白3			148（75.5%）
T27	厚实10	稳重8	组群8	城堡8	大7	绿色7	庄严6	层叠6	195
	坡屋顶5	明快4	笨重4	规整4	活泼4	对称4	层次4	笨重4	74（2.64）
	沉闷4	可爱4	积木4	宏伟3	块3	单调3	严肃3	新颖3	129（66.2%）
	舒服3	台3	平稳3						
U22	通透24	现代感10	框架9	刚性8	工业化7	透明7	简洁6	轻盈6	203
	轻巧6	网状6	精致5	明亮5	清爽4	交错4	工厂化4	优雅4	73（2.78）
	高科技3	光亮3	变化3	宽敞3	协调3	空间感3			133（65.5%）
V17	单调7	呆板7	酒店7	屋顶6	干净6	医院6	奇特6	传统5	127
	古怪4	度假4	明快3	教学楼3	安静3	质朴3	生硬3	船窗3	68（1.87）
	庭院3								79（62.2%）
W20	高耸12	稳重9	银行8	庄严6	多要素5	简单5	传统屋顶5	有气势5	154
	高大5	体积感4	对称4	多余3	强力3	规则3	明快3	挺拔3	70（2.20）
	层次3	严肃3	行政楼3	雄壮3					95（61.7%）
X20	色彩暗11	压抑8	对比7	简洁7	沉重6	清水混凝土5	金属感5	现代感5	172
	材质4	几何感4	精细4	私密4	宁静3	空间感3	重复3	板3	70（2.46）
	住宅3	杂乱3	灵巧4	立面分割3					95（55.2%）

编号①	从建筑感受到的特征、氛围及联想的词（出现频度3以下省略）								结果②
	色彩鲜明13	高耸11	单调8	突兀7	鲜明6	普通7	高大5	平板4	149
Y20	活泼4	实用3	板3	呆板3	土气3	韵律3	直立3	层次3	73（2.04）
	起伏3	明快3	粗3	热烈3					98（65.8%）
	现代感10	构成10	框架10	室外楼梯9	精致8	有趣8	透气7	架空7	182
Z22	简洁5	独特5	轻巧5	单薄5	几何感4	变化4	空间感3	流动感3	71（2.56）
	交错3	新颖3	虚＋实3	工业化3	层次3	清水混凝土3			121（66.5%）

① 数字表示频度3及以上的联想词的个数。
② 第一行表示所有联想词的总次数a；
第二行表示心理实验参与者人数b，以及该建筑的平均联想词的次数（a/b）；
第三行表示频度3及以上的联想词的次数c，以及其在总次数中所占比例（c/a）。

3．test4的结果

意象test4的特色认知部位及要素结果如表6–4所示。表6–4与表6–3同样罗列了所有频度3及以上的建筑部位及要素。表的最左列中数字表示频度3及以上的部位及要素的个数，表的最右列每个建筑对应两行数字：第一行表示所有建筑部位及要素出现的总次数a（包括出现次数仅1次的部位及要素），心理实验参与者人数b，以及该建筑的平均次数（a/b）；第二行表示频度3及以上的部位及要素的次数c，以及其在总次数中所占比例（c/a）。从调查问卷可以看到，不仅有被圈出，还有通过词语来描述颜色等关注的部位（统计时尊重这一表达）。

从表6–4来看，每个建筑的平均回答个数为1.85个，去掉建筑L（1.12个）与建筑Q（1.43个）基本都处于1.5～2.4。每个建筑出现频度3及以上的部位及要素个数为6（Q）～17（X），频度3及以上的部位及要素的总次数占全部回答次数的比例都比较高，占比70%以上。再从各建筑排在首位的部位及要素的频度来看，排在首位的频度都超过了20，频度特别高的有W（拱形屋顶，频度47）、V（传统屋顶，频度46）和F（钢构造，频度40）等。

根据以上所述，中国人对中日现代建筑风格的认知部分及要素，会根据建筑物的不同而不同，并且在实验中对每个建筑的词语数量限定在20个以内。

	实验参与者中中国人的test4的结果					表6–4	
编号①	感受到建筑特色的部位及要素（数字为频度，频度3以下省略）						结果②
	中庭28	室外楼梯21	玻璃幕墙9	通透8	几何形体8	植物6	135 75（1.80）
A13	大型玻璃窗5	天井照明5	虚+实5	透明4	箱4	立面表现3	105（77.8%）
	空间3						
	圆筒33	顶部造型19	水平曲线20	退台18	入口12	白+青绿8	150 75（2.00）
B9	流线型5	空间杂乱4	曲面3				122（81.3%）

编号①	感受到建筑特色的部位及要素（数字为频度，频度3以下省略）						结果②
C9	玻璃幕墙27	几何形体19	玻璃分割13	面的交错11	小方格10	材料现代5	124 72 (1.72)
	清净4	简洁4	棱角3				96 (77.4%)
D15	顶部造型32	十字构造30	方窗9	板状9	大型玻璃窗8	垂直线8	162 74 (2.19)
	立面表现6	曲线5	空间5	细部5	构件丰富5	通气孔5	138 (85.2%)
	色彩突出4	棱角4	符号多3				
E9	屋檐33	钱/古币22	大门框15	大屋顶14	连续横窗6	白+青绿6	135 73 (1.85)
	玻璃颜色4	钟楼4	体量大3				107 (79.3%)
F12	钢结构40	顶部造型25	结构外露21	玻璃幕墙6	银色6	现代感5	160 71 (2.25)
	高科技4	两幢相连4	层次分明3	结构牢固3	精巧3	稳固3	123 (76.9%)
G11	水平线22	大型玻璃窗17	垂直线17	通透11	简洁10	垂直与水平9	143 71 (2.01)
	入口5	明快5	多线条5	施工精细4	室内外连接3		107 (74.8%)
H10	顶部造型39	轴线12	圆柱8	色彩大胆6	连续横窗4	中空4	113 71 (1.59)
	色彩明快4	金色+绿色3	简洁3	挺拔3			86 (76.1%)
I15	坡屋顶38	施工精细20	清水混凝土19	轴线12	风格统一11	入口9	173 72 (2.40)
	垂直线8	装饰8	大型玻璃窗7	材质对比5	门灯4	细部3	153 (88.4%)
	古典3	亲切3	灰暗3				
J7	顶部造型33	圆环（旋转）24	曲面17	白+青绿5	白色4	方窗4	111 71 (1.56)
	传统的塔4						91 (82.0%)
K12	十字构造23	室外楼梯22	玻璃砖12	方形立面13	透明9	柠檬黄7	140 70 (2.00)
	大型玻璃窗7	虚+实6	材质对比5	精巧3	简洁3	板状3	113 (80.7%)
L8	大屋顶28	退台15	中层开口9	方窗6	起伏4	垂直线4	84 75 (1.12)
	递进3	白色3					69 (82.1%)
M8	圆柱26	贝壳造型20	UFO14	退台13	金色+绿色12	弧形阳台6	119 70 (1.70)
	层次3	体块3					97 (81.5%)
N18	棱角26	玻璃幕墙16	垂直线8	细部5	施工精细5	国际样式5	130 72 (1.81)
	裙房5	几何形体4	统一感4	简洁4	色彩协调4	色彩沉稳4	108 (83.1%)
	单纯3	立面表现3	顶部造型3	冷漠3	明暗对比3	新材料3	
O11	顶部造型38	连续横窗8	列柱12	白+青绿8	圆筒8	体块结合差7	125 67 (1.87)
	空间混乱5	火箭4	玻璃幕墙4	突兀3	城堡3		100 (80.0%)
P10	玻璃砖35	阳台14	水平线13	通透7	挑檐5	统一感4	112 72 (1.56)
	外廊4	钢结构3	金属材质3	屋顶3			91 (81.3%)
Q6	室外楼梯28	凹凸20	入口9	土的颜色4	屋顶3	实用3	96 67 (1.43)
							67 (69.8%)

编号[①]	感受到建筑特色的部位及要素（数字为频度，频度3以下省略）						结果[②]
R13	圆弧屋面29	方窗20	中心12	入口11	细部8	对称6	124 67（1.85）
	单一5	冷色系4	金属材质4	简洁3	立面表现3	银色3	111（89.5%）
	呼应3						
S12	传统屋顶36	传统柱梁9	大台阶12	轴对称12	卷云/柱10	列柱8	125 68（1.84）
	方窗6	大会堂5	飞檐5	桥4	外廊3	广场3	113（90.4%）
T11	变形屋顶21	竖窗15	退台10	倾斜入口10	宏伟3	门阙3	107 67（1.60）
	绿+黄7	形体协调6	对称3	方窗3	等级性3		84（78.5%）
U8	铁框架39	通透13	材料露出8	简洁4	结构化4	精细3	115 66（1.74）
	国际式3	工业化3					81（70.4%）
V9	传统屋顶46	倾斜入口32	扇形窗16	船窗14	方窗8	假山6	145 65（2.23）
	装饰3	龙3	奇异3				131（90.3%）
W11	拱形屋顶47	檐口19	古典6	轴线6	垂直线6	凸窗5	126 71（1.78）
	竖窗5	拱4	对称3	仿古3	老上海3		107（84.9%）
X17	板状/墙面26	橙色17	清水混凝土13	格栅10	入口9	阳台7	147 68（2.16）
	明度低6	材料外露5	水平线5	檐口5	竹4	有变化4	130（88.4%）
	空间3	构成3	色彩对比3	色彩明晰3	精细3		
Y7	红色20	圆窗19	顶部造型17	层次12	方窗10	玻璃幕墙8	116 69（1.68）
	色彩对比3						89（76.7%）
Z11	室外楼梯40	斜玻璃墙面22	外廊20	细线10	铁框架10	清水混凝土10	164 68（2.41）
	构成8	台阶8	檐口7	天线6	透通3	水平线3	147（89.6%）

① 数字表示频度3及以上的部位及要素的个数。
② 第一行表示所有建筑部位及要素的总次数a，心理实验参与者人数b，以及该建筑的平均次数（a/b）；
  第二行为频度3及以上的部位及要素的总次数c，括号内为全回答次数中所占比例（c/a）。

6.4.2 基于词语表现探讨中日现代建筑的意象

1. 通过词语比较中日意象

利用表6-3的结果，统计出每个词语在中日建筑中被使用到的次数（以下统称为频数），以此通过词语来探讨中日现代建筑的意象认知差异。表6-5和表6-6分别显示了频数在2及以上的合计结果。从频数在5及以上以及合计频数在30及以上的，即被频繁使用的词语来看，中国建筑为"呆板""层次""单调""高耸""大/巨大"等词。同样，日本建筑为"现代感""简洁""精致""通透""规整""几何感"等。从这些词语的意义可以看出，中国建筑中的"呆板""大/巨大""高耸""单调"这些词，不是从建筑外观的细节上看，而是从建筑整体的轮廓外形上把握。具有本书6.4.1节第1条中指出的具有量感的"坚固"的特征意象。相反，日本建筑中的"现代感""简洁""通透"则是从建筑的细部出发，是本书6.4.1节第1条中指出的板状的墙面和格栅的特征意象的表现。

联想词语频数统计1（实验参与者为中国人） 表6-5

联想到的词语	B	E	H	J	L	M	O	Q	S	T	V	W	Y	频数	合计
							中国现代建筑								
呆板	0	0	5	3	9	0	5	5	3	0	7	0	3	8	40
层次	6	3	0	0	6	8	3	0	0	4	0	3	3	8	36
单调	0	0	6	0	12	0	0	8	4	3	7	0	8	7	48
高耸	0	0	18	7	8	0	0	0	0	0	0	12	11	5	56
大/巨大	5	15	0	0	4	0	0	0	5	7	0	0	0	5	36
屋顶/传统屋顶	0	3	0	0	4	0	0	11	0	6	5	0	5	29	
明快	0	0	0	0	0	0	3	0	0	4	3	3	3	5	16
庄严	0	15	0	0	0	0	0	0	25	6	0	6	0	4	52
平凡（普通）	3	0	3	0	0	0	0	17	0	0	0	0	7	4	30
稳重	0	6	0	0	0	4	0	0	0	8	0	9	0	4	27
对称	0	0	7	0	0	0	0	0	12	4	0	4	0	4	27
酒店	6	0	0	0	3	6	0	0	0	0	7	0	0	4	22
严肃	0	0	0	0	0	0	0	3	11	3	0	3	0	4	20
宏伟	0	6	0	0	0	0	0	0	16	3	0	0	0	3	25
笨重	0	12	0	0	0	0	0	3	0	4	0	0	0	3	19
城墙/城堡	0	5	0	0	0	0	3	0	0	8	0	0	0	3	16
沉闷	0	5	0	0	0	0	0	6	0	4	0	0	0	3	15
活泼	7	0	0	0	0	0	0	0	0	4	0	0	4	3	15
层叠	5	0	0	0	4	0	0	0	0	6	0	0	0	3	15
变化	7	0	0	4	0	0	3	0	0	0	0	0	0	3	14
规整	0	4	0	0	5	0	0	0	0	4	0	0	0	3	13
向上	4	0	3	0	0	0	6	0	0	0	0	0	0	3	13
土气	4	5	0	0	0	0	0	0	0	0	0	0	3	3	12
不协调	4	0	0	5	3	0	0	0	0	0	0	0	0	3	12
安静	0	0	0	0	0	0	0	3	5	0	3	0	0	3	11
起伏	0	0	0	0	0	4	4	0	0	0	0	0	3	3	11
塔（双塔）	0	0	4	3	0	0	4	0	0	0	0	0	0	3	11
现代感	3	0	4	0	0	0	3	0	0	0	0	0	0	3	10
韵律（节奏）	4	0	0	0	3	0	0	0	0	0	0	0	3	3	10
凹凸	0	0	0	0	3	3	0	3	0	0	0	0	0	3	9
圆弧/曲线	20	0	0	10	0	0	0	0	0	0	0	0	0	2	30
古老	0	0	0	0	3	0	0	23	0	0	0	0	0	2	26

联想到的词语	中国现代建筑													频数	合计
	B	E	H	J	L	M	O	Q	S	T	V	W	Y		
厚实	0	12	0	0	0	0	0	0	0	10	0	0	0	2	22
色调鲜明	5	0	0	0	0	0	0	0	0	0	0	13	0	2	18
杂乱	0	0	0	0	0	6	11	0	0	0	0	0	0	2	17
筒	0	0	0	0	3	13	0	0	0	0	0	0	0	2	16
混乱	7	0	0	0	0	0	6	0	0	0	0	0	0	2	13
辉煌	0	0	7	0	0	4	0	0	0	0	0	0	0	2	11
圆/圆柱	4	0	7	0	0	0	0	0	0	0	0	0	0	2	11
银行	0	0	3	0	0	0	0	0	0	0	0	8	0	2	11
高大	0	0	0	0	0	0	0	0	0	0	0	5	5	2	10
政府机关	0	5	0	0	0	0	0	0	5	0	0	0	0	2	10
干净	0	0	0	0	3	0	0	0	0	0	6	0	0	2	9
挺拔	0	0	6	0	0	0	0	0	0	0	0	3	0	2	9
死板	3	6	0	0	0	0	0	0	0	0	0	0	0	2	9
堆砌	0	0	0	0	0	6	3	0	0	0	0	0	0	2	9
古典	0	5	0	0	0	0	0	0	3	0	0	0	0	2	8
有气势	0	0	0	0	0	0	0	0	3	0	0	5	0	2	8
丑	0	0	0	5	3	0	0	0	0	0	0	0	0	2	8
教学楼	0	0	0	0	0	0	0	5	0	0	3	0	0	2	8
传统	0	0	0	0	0	0	0	0	3	0	5	0	0	2	8
奇怪	0	0	0	0	0	4	4	0	0	0	0	0	0	2	8
金属感	0	0	4	0	0	3	0	0	0	0	0	0	0	2	7
复杂	0	0	0	0	0	3	4	0	0	0	0	0	0	2	7
平板	0	0	0	0	3	0	0	0	0	0	0	0	4	2	7
水平线	4	3	0	0	0	0	0	0	0	0	0	0	0	2	7
体量感/体积感	0	3	0	0	0	0	0	0	0	0	0	4	0	2	7
深宫/宫殿	0	4	0	0	0	0	0	0	3	0	0	0	0	2	7
古怪	0	0	0	3	0	0	0	0	0	0	4	0	0	2	7
俗气	0	0	4	0	0	3	0	0	0	0	0	0	0	2	7
形体丰富	0	0	3	0	0	3	0	0	0	0	0	0	0	2	6
实用	0	0	0	0	0	0	0	3	0	0	0	0	3	2	6
块	0	0	0	0	0	0	0	3	0	3	0	0	0	2	6
无聊	0	0	3	3	0	0	0	0	0	0	0	0	0	2	6
平稳	0	0	0	0	0	0	0	3	0	3	0	0	0	2	6
多余	0	0	0	3	0	0	0	0	0	0	3	0	0	2	6
豪华	0	0	0	3	0	3	0	0	0	0	0	0	0	2	6

联想到的词语	A	C	D	F	G	I	K	N	P	R	U	X	Z	频数	合计
						日本现代建筑									
现代感	9	14	11	23	8	6	10	16	5	5	10	5	10	13	132
简洁	11	21	0	7	12	0	9	11	9	5	6	7	5	11	103
精致	0	0	8	4	5	4	4	0	0	3	5	0	8	8	41
通透	20	5	0	0	12	0	8	0	15	0	24	0	0	6	84
规整	9	9	0	3	0	0	4	0	4	6	0	0	0	6	35
几何感	3	9	0	0	0	0	3	3	0	0	0	4	4	6	26
明亮	8	4	0	5	10	0	0	0	0	0	5	0	5	5	32
宁静	0	0	0	0	4	6	5	0	10	0	0	3	0	5	28
金属感	4	0	0	8	0	0	0	5	0	6	0	5	0	5	28
轻盈	5	0	7	4	0	0	3	0	0	0	6	0	0	5	25
干净	0	3	0	3	10	0	0	3	0	4	0	0	0	5	23
透明	10	0	0	0	9	0	0	0	0	5	7	0	0	4	31
严肃	0	7	0	0	0	0	0	8	4	7	0	0	0	4	26
单调	4	5	0	0	0	0	0	0	5	7	0	0	0	4	21
稳重	0	7	0	0	0	0	3	0	3	6	0	0	0	4	19
明快	4	6	0	3	0	0	0	0	4	0	0	0	0	4	17
压抑	0	3	0	0	0	3	0	3	0	0	0	8	0	4	17
层次	4	0	0	0	3	0	0	0	4	0	0	0	3	4	14
协调	0	0	3	0	4	0	3	0	0	0	3	0	0	4	13
空间感	0	0	0	0	4	0	0	0	0	0	3	3	3	4	13
方正	7	0	0	0	0	0	15	0	4	0	0	0	0	3	26
高耸	0	0	0	11	0	3	0	11	0	0	0	0	0	3	25
框架	0	0	3	0	0	0	0	0	0	0	9	0	10	3	22
雄伟	0	6	0	5	0	0	0	0	0	6	0	0	0	3	17
庄重	0	5	0	0	0	0	0	4	0	7	0	0	0	3	16
高科技	4	0	0	9	0	0	0	0	0	0	3	0	0	3	16
工业化	0	0	0	5	0	0	0	0	0	0	7	0	3	3	15
变化	0	0	5	0	0	0	0	0	0	0	3	0	4	3	12
规则	0	0	0	0	3	0	4	4	0	0	0	0	0	3	11
清水混凝土	0	0	3	0	0	0	0	0	0	0	0	5	3	3	11
大器	0	3	0	0	3	0	4	0	0	0	0	0	0	3	10
新颖	0	0	0	3	0	0	0	0	0	0	0	0	3	3	9
棱角	3	0	0	3	3	0	0	0	0	0	0	0	0	3	9
线形	0	0	3	0	3	0	0	3	0	0	0	0	0	3	9
挺拔	0	0	0	11	0	0	0	14	0	0	0	0	0	2	25

联想到的词语	日本现代建筑													频数	合计
	A	C	D	F	G	I	K	N	P	R	U	X	Z		
杂乱	0	0	13	0	0	0	0	0	0	0	0	3	0	2	16
玻璃	7	9	0	0	0	0	0	0	0	0	0	0	0	2	16
平面	0	0	0	0	0	0	0	0	6	9	0	0	0	2	15
材质	0	0	0	0	0	11	0	0	0	0	0	4	0	2	15
高大	0	0	0	5	0	0	0	9	0	0	0	0	0	2	14
沉重	0	0	0	0	0	0	0	8	0	0	6	0	0	2	14
宽敞	0	0	0	0	0	0	0	0	10	0	3	0	0	2	13
构成	0	0	3	0	0	0	0	0	0	0	0	0	10	2	13
简单	0	0	0	0	4	0	7	0	0	0	0	0	0	2	11
轻巧	0	0	0	0	0	0	0	0	0	0	6	0	5	2	11
对比	0	0	0	0	0	0	0	3	0	0	0	7	0	2	10
工厂化	0	0	0	0	0	0	0	0	6	0	4	0	0	2	10
住宅	0	0	0	0	7	0	0	0	0	0	0	3	0	2	10
流动感	0	0	6	0	0	0	0	0	0	0	0	0	3	2	9
闪亮	6	0	0	0	0	0	0	0	0	0	3	0	0	2	9
冷峻	0	5	0	4	0	0	0	0	0	0	0	0	0	2	9
整体感	0	6	0	0	0	0	0	3	0	0	0	0	0	2	9
独特	0	0	0	0	0	0	3	0	0	0	0	0	5	2	8
有光泽	0	0	0	0	0	0	0	3	0	5	0	0	0	2	8
舒服	0	0	0	3	5	0	0	0	0	0	0	0	0	2	8
精细	0	0	0	0	0	0	0	4	0	0	0	4	0	2	8
温暖	0	0	0	0	4	3	0	0	0	0	0	0	0	2	7
清爽	0	0	0	0	0	0	0	0	0	3	4	0	0	2	7
纯粹	0	3	0	0	0	0	0	0	0	4	0	0	0	2	7
精巧	0	0	0	0	4	0	0	0	3	0	0	0	0	2	7
交错	0	0	0	0	0	0	0	0	0	0	4	0	3	2	7
国际化	4	0	0	3	0	0	0	0	0	0	0	0	0	2	7
虚+实	4	0	0	0	0	0	0	0	0	0	0	0	3	2	7
坚固	0	0	0	0	0	4	0	3	0	0	0	0	0	2	7
韵律	0	0	0	0	3	0	0	0	3	0	0	0	0	2	6
沉闷	0	0	0	0	0	3	0	0	0	3	0	0	0	2	6
统一	0	3	0	0	0	0	0	0	0	3	0	0	0	2	6
严谨	3	0	0	0	0	0	0	3	0	0	0	0	0	2	6
融合	0	0	3	0	3	0	0	0	0	0	0	0	0	2	6
亲切	0	0	0	0	3	3	0	0	0	0	0	0	0	2	6

2．从词语看中日建筑间的相互关系

为了能够根据词语将建筑物之间的关系定量化，通过表6–4和表6–5的数据求出了建筑物之间的相关系数。图6–3总结了相关系数在0.25以上的所有关系。相关系数值最大的为0.79，为了能够更清楚地标出相关关系的强弱，相关系数从0.25开始以0.15为单位进行图表化。由于中日两国建筑之间的相关性比本国建筑间的相关关系更弱，因此按国家进行了明确的区分。这也说明了根据词语的不同，能够区分不同国家的意象。从本国内的相关性来看，日本建筑只形成了一组，中国建筑间的共通性则较少，形成了多组。

从表6–3中可看出，相关系数在0.55以上、相关性最强的建筑所被使用的频数最高的词语，中国建筑为建筑L与建筑V的"单调"，建筑T与建筑E的"厚实"。日本建筑为建筑F与建筑N的"现代感"，建筑A、建筑U与建筑G的"通透"。关于这些词语，与图6–1的建筑物的外观照片进行对照后，可以明白与其意象相符。

从以上的相关分析结果可看出，中日建筑之间从词语中体现出的相关性比较独立，以及各国表达意象的特定词汇与建筑外观之间具有一定的相关性。

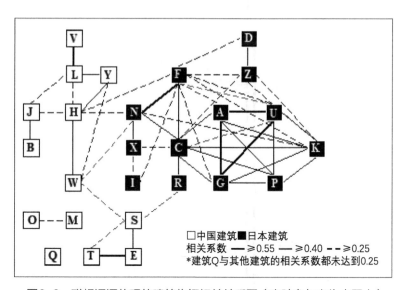

图6-3 联想词语体现的建筑物间相关关系图（实验参与者为中国人）

3．根据典型相关分析进行的特色评价

根据第3章中提出的典型相关分析法（Canonical Correlation Analysis），对中日特色与联想（意象）词语的相关性进行进一步的探讨[①]。所谓典型相关分析，是利用综合变量对之间的相关关系来反映两组指标之间的整体相关性的多元统计分析方法。基本原理是：为了从总体上

---

① 根据统计解析软件Statistica解析得出。

把握两组指标之间的相关关系，分别在两组变量中提取有代表性的两个综合变量U_1和V_1（分别为两个变量组中各变量的线性组合），利用这两个综合变量之间的相关关系来反映两组指标之间的整体相关性[5-6]。

因此，将从意象test3中得出的中日建筑特色的尺度平均值和本书6.4.2节中第1条中使用的词语作为两个集合。但是本书6.4.2节中第1条中使用过的词语数有118个，由于数量太多，在典型相关分析上比较困难，所以将词语数调整、归纳到了20个。即求出两集合的相关系数，删除特征弱及相关性小的词语，抽选出相关系数在0.35以上的词语，共21个。将这些作为典型相关分析的主要数据。从分析结果中得到两组典型相关系数，第一组典型相关变量的相关系数达到显著水平（R=0.994），为有极显著的统计学差异数据（χ^2=93.569，p<0.001）。图6-4显示的是从第一组典型相关变量中得出的各变量的交叉负荷系数（$\geqslant \pm 0.3$）[1]。因为在绝对值小、过于密集的范围中进行典型相关系数的分类会比较困难，所以将交叉负荷系数的范围定为不小于±0.3。

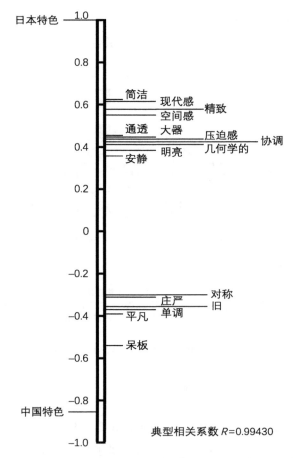

图6-4　联想词语的典型相关系数（实验参与者为中国人）

---

① 图中的两条竖线，左边为第一集合，以中国和日本特色系数的值为刻度，右边为第二集合，以"联想（意象）词语"及"建筑部位和要素"为刻度。

第一变量集合中的中国特色和日本特色的交叉负荷系数较大，呈现出较高的负相关性，集合内的中国特色与日本特色也形成了对比；另外，第二变量集合的"简洁""现代感""精致""呆板"等交叉负荷系数相对较大，相关性较明晰。即"简洁""现代感"的正相关变动会影响日本特色的正相关变动及中国特色的负相关变动。而"呆板""平凡""单调"的正相关变动却会影响中国特色的正相关变动及日本特色的负相关变动。而且，第一、第二变量集合的贡献率分别为85.5%和18.4%，冗余指数在第一变量集合中为84.6%，在第二变量集合中为18.1%。从第一变量中能够预测到第二变量的比例为18.1%。相比之下，逆向预测的比例高达84.6%。

综上所述，与意象联想词语相关的中国特色与日本特色具有对比关系，从中可以推测中国大学生从特定的词语中能够联想到相关国家的风格。关于特定词语，"呆板""平凡""单调"等经常用于表现中国特色，"简洁""现代感""精致"等则经常用于表现日本特色。

6.4.3　从建筑外观的形态结构看中日现代建筑意象

1．建筑部位及要素的中日意象比较

建筑的形态结构在现实中都被视为是复杂、多样的要素的集合，在本次实行的意象test4（让实验参与者将样本建筑具体的符合部分在照片上直接圈出）中，分析了能够感知中日现代建筑特色的部位及要素。也就是利用表6-4的结果，计算能够感知特色要素的出现频数。表6-7和表6-8分别显示了频数在2以上的统计结果。表中可看出能够感知中日现代建筑各国特色的部位及要素。从频数在4以上，以及合计频数在30以上的建筑要素来看，中国建筑中为"方窗""顶部造型""圆筒""退台""轴线/对称"。日本建筑中为"简洁""玻璃幕墙""大型玻璃窗""通透""水平线""垂直线""入口"。从这些部位及要素的意义来看，中国建筑中，方窗、圆筒、顶部形状及分段结构的对称部分具有立体感即坚固的特征。日本建筑的特征是由梁和柱构成的"面"，从图底关系来看，也可以看成是建筑的框架形成的格子状的图形。

建筑部位及要素的频数合计1（实验参与者为中国人）　　　　表6-7

建筑部位及要素	中国现代建筑													频数	合计
	B	E	H	J	L	M	O	Q	S	T	V	W	Y		
方窗	0	0	0	4	6	0	0	0	6	3	8	0	10	6	37
顶部造型	19	0	39	33	0	0	38	0	0	0	0	0	17	5	146
圆筒/圆柱	33	0	8	0	0	26	8	0	0	0	0	0	4		75
退台	18	0	0	0	15	13	0	0	0	10	0	0	0	4	56
轴线/对称	0	0	12	0	0	0	0	12	3	0	9	0	4		36
白色＋青绿色	8	6	0	5	0	0	8	0	0	0	0	0	4		27
连续横窗	0	6	4	0	0	0	8	0	0	0	0	0	3		18

建筑部位及要素	中国现代建筑													频数	合计
	B	E	H	J	L	M	O	Q	S	T	V	W	Y		
传统屋顶	0	0	0	0	0	0	0	0	36	0	46	0	0	2	82
变形屋顶	0	0	0	0	0	0	0	0	0	21	0	47	0	2	68
大屋顶	0	14	0	0	28	0	0	0	0	0	0	0	0	2	42
倾斜入口	0	0	0	0	0	0	0	0	0	10	32	0	0	2	42
屋檐	0	33	0	0	0	0	0	0	5	0	0	0	0	2	38
圆窗	0	0	0	0	0	0	0	0	0	0	14	0	19	2	33
入口	12	0	0	0	0	0	0	9	0	0	0	0	0	2	21
列柱	0	0	0	0	0	0	12	0	8	0	0	0	0	2	20
曲面	3	0	0	17	0	0	0	0	0	0	0	0	0	2	20
金色+绿色	0	0	3	0	0	12	0	0	0	0	0	0	0	2	15
层次	0	0	0	0	0	3	0	0	0	0	0	0	12	2	15
玻璃幕墙	0	0	0	0	0	0	4	0	0	0	0	0	8	2	12
垂直线	0	0	0	0	4	0	0	0	0	0	0	6	0	2	10
空间杂乱	4	0	0	0	0	0	5	0	0	0	0	0	0	2	9
白色	0	0	0	4	3	0	0	0	0	0	0	0	0	2	7

建筑部位及要素的频数合计2（实验参与者为中国人） 表6-8

建筑部位及要素	日本现代建筑													频数	合计
	A	C	D	F	G	I	K	N	P	R	U	X	Z		
简洁	0	4	0	0	10	0	3	4	0	3	4	0	0	6	28
玻璃幕墙	9	27	0	6	0	0	0	16	0	0	0	0	22	5	80
大型玻璃窗	5	0	8	0	17	7	7	0	0	0	0	0	0	5	44
通透	8	0	0	0	11	0	0	0	7	0	13	0	3	5	42
水平线	0	0	0	0	22	0	0	0	13	0	0	5	3	4	43
垂直线	0	0	8	0	17	8	0	8	0	0	0	0	0	4	41
入口	0	0	0	0	5	9	0	0	0	11	0	9	0	4	34
细部	0	0	5	0	0	3	0	5	0	8	0	0	0	4	21
立面表现	3	0	6	0	0	0	0	3	0	3	0	0	0	4	15
室外楼梯	21	0	0	0	0	0	22	0	0	0	0	0	40	3	83
顶部造型	0	0	32	25	0	0	0	3	0	0	0	0	0	3	60
清水混凝土	0	0	0	0	0	19	0	0	0	0	0	13	10	3	42
板状/墙面	0	0	9	0	0	0	0	3	0	0	0	26	0	3	38
棱角	0	3	4	0	0	0	0	26	0	0	0	0	0	3	33

建筑部位及要素	日本现代建筑													频数	合计
	A	C	D	F	G	I	K	N	P	R	U	X	Z		
几何形体	8	19	0	0	0	0	0	4	0	0	0	0	0	3	31
施工精细	0	0	0	0	4	20	0	5	0	0	0	0	0	3	29
空间	3	0	5	0	0	0	0	0	0	0	0	3	0	3	11
十字构造	0	0	30	0	0	0	23	0	0	0	0	0	0	2	53
铁框架	0	0	0	0	0	0	0	0	0	0	39	0	10	2	49
钢结构	0	0	0	40	0	0	0	0	0	3	0	0	0	2	43
轴线/对称	0	0	0	0	0	12	0	0	0	18	0	0	0	2	30
方窗	0	0	9	0	0	0	0	0	0	20	0	0	0	2	29
外廊	0	0	0	0	0	0	0	0	4	0	0	0	20	2	24
阳台	0	0	0	0	0	0	0	0	14	0	0	7	0	2	21
材料外露	0	0	0	0	0	0	0	0	0	0	8	5	0	2	13
透明	4	0	0	0	0	0	9	0	0	0	0	0	0	2	13
檐口	0	0	0	0	0	0	0	0	0	0	0	5	7	2	12
虚+实	5	0	0	0	0	0	6	0	0	0	0	0	0	2	11
构成的	0	0	0	0	0	0	0	0	0	0	0	3	8	2	11
材质对比	0	0	0	0	0	5	5	0	0	0	0	0	0	2	10
植物/竹	6	0	0	0	0	0	0	0	0	0	0	4	0	2	10
银色	0	0	0	6	0	0	0	0	0	3	0	0	0	2	9
金属材质	0	0	0	0	0	0	0	0	3	4	0	0	0	2	7

另外，从频数为2以及合计频数在10以下的少数意见来看，中国建筑中有3个，日本建筑中有4个。同一建筑中有2个的分别为中国建筑的L及日本建筑的R。参照有关特色认知的本书6.4.1节第1条的意象test3的结果，相比于对方国家的"不具有此类风格"，本国的"具有此类风格"的尺度平均值达到前者的数倍以上，从中可看出包括意象在内的特色认知的不明确性。

2．中日建筑在建筑部位及要素间的相互关系

为了将建筑部位及要素的相互关系定量化，利用表6-7和表6-8的数据求出了建筑物间的相关系数。图6-5中总结出了所有相关系数在0.25以上的关系数据。其中，相关数据的最大值为0.86，为了使相关性的强弱更容易判断，将相关系数从0.25开始以0.15为单位进行区分和图表化。建筑物间的所有关系共通性较少，根据国家分成了若干个分组。

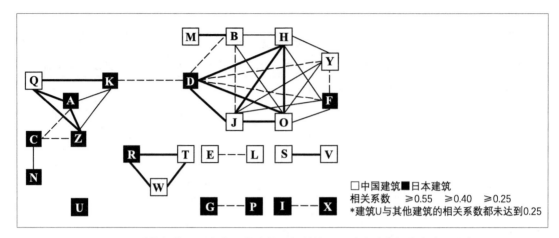

图6-5 建筑部位及要素体现的建筑间相关关系图（实验参与者为中国人）

将相关系数在0.55以上的相关性最强即"出现频度高的部位及要素"从表6-4中抽出来看，建筑D、H、J、O为"顶部"，建筑A、K、Q、Z为"室外楼梯"，建筑R、T、W为"变形屋顶"，建筑M、B为"圆柱""圆筒"，建筑S与V为"传统屋顶"。将这些部位和要素与图6-1的建筑物外观照片相对照，大致都与建筑外观所具有的特征相符合，而且将中国建筑与日本建筑双方类似的部位及要素加以合并，从每个要素及部位中能够得出相似的意象。也就是说判断建筑特色的部位和要素被个别化后具有多样化的特点。

综上所述，从建筑物多样化的部位及要素中衍生出的意象也同样是多样的。

3. 根据典型相关分析进行特色评价

与本书6.4.2节相同，为了找出中国特色和日本特色的关系，进行了典型相关分析。把从意象test3中得出的中日建筑的特色尺度平均值，以及本书6.4.3节第1条中适用的部位及要素作为两个集合。但是，本书6.4.3节第1条中适用的部位和要素有55个，由于数量太多，在典型相关分析上比较困难，所以将数量调整、归纳到了20个。即求出两集合间的相关系数，删除特色相关性较弱的部位和要素，选出相关性较高（$\geq \pm 0.35$）的16个要素，并将其适用于典型相关分析。从分析结果中得到两组典型相关系数，第一组典型相关系数的正准相关系数的值较大（$R=0.940$），为极显著的统计学差异数据（$\chi^2=46.233$，$p<0.01$）。图6-6显示了第一组典型相关变量中各变量的交叉负荷系数（$\geq \pm 0.3$）[①]。

第一变量集合中中国特色和日本特色的交叉负荷系数较大，呈现出较高的负相关性，集合内的中国特色与日本特色也形成了对比。第二变量集合的"清水混凝土""板状/墙面""大型玻璃窗"等交叉负荷系数相对较大，相关性较明晰。"清水混凝土""板状/墙面""大型玻璃窗"的正相关变动作用于日本特色的正相关变动及中国特色的负相关变动。再者，"白+青绿""分

---

① 图中的两条竖线，左边为第一集合，以中国和日本特色系数的值为刻度，右边为第二集合，以"联想（意象）词语"及"建筑部位和要素"为刻度。

段/韵律""顶部形状"的正相关变动作用于中国特色的正相关变动及日本特色的负相关变动。而且，第一、第二变量集合的贡献率分别为72.1%和13.2%，冗余指数在第一变量集合中为63.7%，在第二变量集合中为11.7%。

综上所述，中国大学生对中日两国建筑类似的建筑部位和要素都会具有同一、相似的意象。中国特色和日本特色会因特定的部位和要素被赋予一定的特征。在这些特定的部位和要素中，中国特色经常为"白+青绿""退台""顶部造型"，日本特色经常为"清水混凝土""板状/墙面""大型玻璃窗"等。

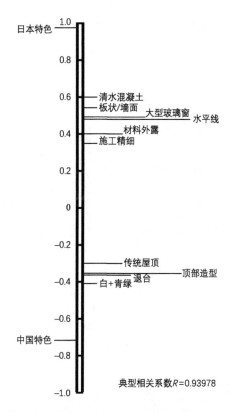

图6-6 建筑部位及要素的典型相关系数（实验参与者为中国人）

6.5 日本人的意象心理实验Ⅱ的结果及考察

6.5.1 日本人的意象心理实验Ⅱ的结果

实验参与者中102个日本人对26栋样本建筑的认知状况为，认知人数最多的建筑物为9人，平均3.3%。与本书6.4节同样，本次实验不考虑认知受影响的情况。

1．test1及test3的结果

使用与本书6.4节相同的评价方法，在图6-7中显示了日本人在test1及test3中的平均结果值。与中国人的实验结果相同，在"喜欢—讨厌"和"美—丑"的判断上具有相同的倾向，得到"最受欢迎"评价的为日本建筑Z、F、X、U、I，得到"最美"评价的为日本建筑F、I、N、U、Z，得到"最不受欢迎"及"最丑"评价的为中国建筑Q、V、Y、J。按国家来看，结果也与中国人大致相同。即大部分日本人都认为日本的现代建筑很美，而对中国建筑都不抱有多大的关注。从实验参与者的国籍与样本建筑的国别的关系上来看，与中国人的结果正好相反。即日本人都喜爱日本本国的现代建筑，都认为日本的现代建筑很美，而对中国的现代建筑则不抱有兴趣。出现这一结果的背景是，日本现代建筑的技术和设计已经相当成熟，相比中国建筑要更加讲究。

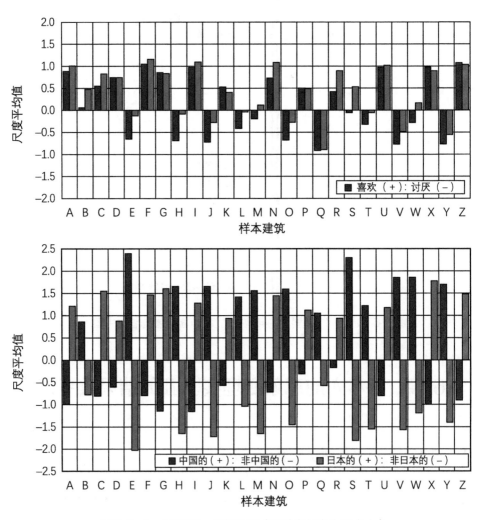

图6-7　test1以及test3的结果（实验参与者为日本人）

此外，最具有中国特色的建筑为E、S、W、V，最具有日本特色的建筑为X、G、C、Z。从建筑物外观照片的共通性来看，尺度平均值较大的中国建筑在整体外观上给人印象最深的是建筑物顶部造型，而日本建筑则是板状的墙面、格栅及玻璃等要素。

2．test2的结果

参照文献[4]的总结方法，将意象test2中的实验参与者的联想词语按照样本建筑统计如表6-9所示。表中显示的是每栋建筑被联想到的频度4及以上（约全部实验参与者的4%）的词语以及次数。表的最左列表示频度4及以上的联想词的个数，表的最右列每个建筑对应三行数字：第一行表示所有联想词出现的总次数a（包括出现次数仅1次的词语）；第二行表示心理实验参与者人数b，以及该建筑联想词的出现次数的平均值（a/b）；第三行表示频度4及以上的联想词的出现次数c，以及其在总次数中所占比例（c/a）。

如表6-9所示，每栋建筑的联想词的次数在1.64个（W）~2.41个（A），人均联想词个数为1.91个。各建筑物的词语出现频度4次以上的为9（O）~18个（C、P），占全部回答数量比例的45%以上。这一比例在高层建筑中为C（69.3%）和B（63.9%），低层建筑为R（45.8%）。从各建筑中排首位的词语频度来看，26栋建筑中有23栋建筑的频度超过了10，频度超过10的词语有68个。高层建筑中出现频度高的词语为B（曲线的，频度32），O（火箭，频度32）。

综上所述，根据建筑的不同词语出现的频度也会有差异。各建筑相同语言出现频度为4及以上的超出了全部回答的半数，与中国人的实验结果相同，某些建筑则用了相对少数的词语被加以形容。也就是说，日本人对中日现代建筑外观的联想词语根据不同的建筑词语的内容会有所差异。并且在实验中对每个建筑的词语数量都在20个以内。

test2的结果（实验参与者为日本人）　　　　　　　　　　　　　　　表6-9

编号①	从建筑感受到的特征、氛围及联想的词（数字为频度，频度 4 以下省略）						结果②
	玻璃25	透明21	干净11	明亮11	植物8	方正8	234
A15	与天空一体7	开放6	办公楼5	现代建筑4	普通4	光4	97（2.41）
	简约4	统一感4	直线的4				126（53.8%）
	曲线的32	度假村15	船15	酒店13	白色7	波7	206
B15	美7	圆筒6	流线的5	古老4	条纹4	玻璃4	100（2.06）
	白＋青4	独特的形4	平滑4				131（63.6%）
	玻璃18	公司18	暗11	硬10	简约9	直线的8	189
C18	冷6	方正6	黑6	安静5	重5	干净5	100（1.89）
	规整5	现代的4	稳定4	镜4	块4	平面的4	131（69.3%）
	各种形的结合9	学校9	有趣8	明亮8	色彩丰富8	无统一感7	173
D13	乱杂7	流线性屋顶7	现代的6	愉快5	奇特5	波5	100（1.73）
	住宅4						88（50.9%）

编号①	从建筑感受到的特征、氛围及联想的词（数字为频度，频度4以下省略）						结果②
E15	重16	城堡15	大12	高级11	中国9	酒店9	197
	稳重7	古老6	拘谨5	壮大5	重压4	威压4	98（2.01）
	庄严4	寺院4	压迫感4				115（58.4%）
F14	高层15	白色15	现代的11	框架10	干净8	办公楼7	181
	冷淡7	明亮5	近未来5	公司5	尖锐5	细5	96（1.89）
	直线的4	金属的4					106（58.6%）
G17	狭窄15	开放14	细长12	简约10	明亮10	干净10	204
	玻璃9	住居7	透明6	清爽4	直线的4	都市的4	99（2.06）
	办公楼4	店铺4	学校4	单纯4	轻4		125（61.3%）
H13	未来的17	虫16	塔9	色彩奇怪9	绿色8	炫目7	188
	高层6	电池6	火箭6	流线5	漫画4	天线4	99（1.90）
	独特4						101（53.7%）
I14	教会14	暗12	稳定9	住宅9	细长8	砖8	202
	狭窄7	西洋风6	琴键型开口5	简约5	干净5	土豪5	98（2.06）
	从容5	安静4					102（50.5%）
J13	球体11	塔10	未来的8	酒店8	瞭望台7	异国7	177
	圆的5	宇宙5	亚洲5	有趣4	古老4	购物城4	95（1.86）
	奇葩4						88（49.7%）
K15	方正14	简约7	透明7	黄色5	长5	玻璃砖5	171
	对称的5	玻璃5	规则的5	箱4	现代的4	干净4	97（1.76）
	狭窄4	青4	事务的4				82（48.0%）
L13	白色18	酒店17	高11	凹凸10	屋顶7	凌乱5	171
	无趣5	波4	重4	细长4	独特4	乱4	96（1.78）
	生硬4						97（56.7%）
M15	近未来13	豪华12	贝11	金色8	有趣7	色彩怪6	207
	酒店6	暴发户5	艳丽5	大5	华丽5	厚重4	98（2.11）
	UFO4	宇宙4	高级4				99（47.8%）
N14	高层13	黑13	公司12	暗11	锐利11	简约7	186
	直线的7	重6	都市的6	冷5	大厦5	压迫感5	97（1.92）
	帅气5	清爽4					110（59.1%）
O9	火箭32	铅笔12	凌乱10	无统一感6	多种形的组合5	城堡5	169
	独特5	复杂4	青4				97（1.74）
							83（49.1%）

编号[1]	从建筑感受到的特征、氛围及联想的词（数字为频度，频度4以下省略）						结果[2]
P18	学校17	医院9	寂静9	玻璃7	公的7	稳定7	193
	设施6	平面的6	普通5	植物5	市政府5	单纯5	97（1.99）
	规整5	阳台4	直线的4	透明4	干净4	开放4	113（58.5%）
Q14	医院14	古老12	暗10	凸凹的墙8	酒店8	寂寞8	173
	重7	学校7	可怕6	平凡5	条纹5	稳重4	96（1.80）
	黄沙色4	沙漠/沙4					102（59.0%）
R12	对称18	圆弧屋顶9	工作/公司8	整齐的窗7	冷7	美7	179
	整齐5	统一感5	硬4	大4	简约4	压迫感4	97（1.85）
							82（45.8%）
S14	中国17	白色13	酒店11	大11	左右对称9	屋顶8	182
	广7	城堡6	有钱5	豪华5	国家机关5	宫殿4	96（1.90）
	（列）柱4	历史的4					109（59.9%）
T12	绿色15	欧洲12	色彩怪8	重9	大7	多栋大厦6	172
	长窗5	绿化4	屋顶4	国会议事堂4	城堡4	奇怪（色彩）4	96（1.79）
							82（47.7%）
U14	透明25	玻璃10	开放10	轻9	干净6	监狱/栏6	193
	冷6	明亮5	简约5	工厂5	看得到4	框架4	98（1.97）
	研究所4	铁4					103（53.4%）
V17	白色10	屋顶8	开口部7	有趣6	古老6	酒店6	182
	医院6	奇怪5	南国5	旅馆5	奇葩5	龙4	96（1.86）
	独特4	历史的4	奇怪的形4	圆的4	学校4		93（51.1%）
W14	高9	重8	屋顶7	塔7	中国6	壮大6	161
	干净5	城堡5	酒店5	大4	政府大楼4	稳重4	98（1.64）
	压迫感4	银行4					78（48.4%）
X12	和风31	暗15	黑12	稳定11	红色强调7	时尚5	195
	古风5	简约4	安静4	封闭的4	色彩丰富4	住宅4	101（1.93）
							106（54.4%）
Y14	橙色10	颜色怪9	与周围不协调9	酒店9	古老8	颜色强调6	169
	公寓6	窗5	凌乱5	明亮4	显眼4	有趣4	97（1.74）
	白+红4	独特4					87（51.5%）
Z16	框架8	有趣6	RC清水混凝土6	学校6	现代的6	平面的6	181
	开放5	时尚5	研究所5	明亮5	个性5	斜的4	97（1.87）
	干净4	轻4	直线的4	冷4			83（45.9%）

[1] 表示频度4及以上的联想词的个数。
[2] 第一行表示所有联想词的总次数a；
第二行表示心理实验参与者人数b，以及该建筑的平均联想词的次数（a/b）；
第三行表示频度4及以上的联想词的次数c，以及其在总次数中所占比例（c/a）。

3．test4的结果

根据test4统计出的特色认知部位及要素结果如表6–10所示。表6–10与表6–9同样显示了频度在4及以上的建筑部位及要素。表的最左列数字为频度4及以上的个数，表的最右列每个建筑对应两行数字：第一行数字表示所有建筑部位及要素出现的总次数a（包括出现次数仅1次的部位及要素），心理实验参与者人数b，以及该建筑的平均次数（a/b）；第二行表示频度4及以上的部位及要素出现的次数c，以及其在总次数中所占比例（c/a）。从回答的状况来看，不仅在建筑样本上画圈标记，还通过词语来描述颜色，并尊重这一词语表现。

从表6–10看出，每个建筑的平均回答个数为1.96个，都处于1.5～2.6的范围之内。每个建筑相同词语出现频度为4及以上的部位和要素个数为9（J、K、Y）～16（A），频度4及以上的部位及要素的总和频度占全部回答个数的比率都比较高，占了65%以上。再从各建筑物排在首位的部位及要素的频度来看，特别是频度高的建筑，如V（传统屋顶，频度86），W（拱形屋顶，频度79），J（球顶，频度72）等是3/4以上的填写调查问卷者回答出的相同部位及要素。

test4的结果（实验参与者为日本人）　　　　　　表6-10

编号①	感受到建筑特色的部位及要素（数字为频度，频度4以下省略）						结果②
A16	玻璃幕墙28	中庭28	室内植物17	透明感9	常见9	玻璃8	公共空间7　188　97（1.94）
	照明7	四方形5	设计感5	室外楼梯5	格栅5	平屋顶4	简洁4　148（78.7%）
	入口4	底层架空4					
B14	圆筒42	曲线26	顶部造型21	层叠18	曲面15	配色13	日本没有9　233　95（2.45）
	白+青绿8	白色7	圆润7	青绿7	整体造型5	天线5	氛围5　188（80.7%）
C11	玻璃幕墙28	常见12	窗框10	四方形组合8	直线8	面的交叉7	黑6　140　89（1.57）
	规则的4	简洁4	四边形4	生硬4			95（67.9%）
D15	屋顶造型53	配色16	十字结构15	细部突出12	结构外露12	直线+曲线11	砖混结构11　215　91（2.36）
	垂直线9	常见8	大型窗8	黄色6	方窗6	银色5	素材感4　179（83.3%）
	体块组合4						
E12	大屋顶64	钱/古币41	檐口15	裙房茶色12	青绿+白11	入口7	建筑整体10　212　98（2.16）
	不是直角7	双色条纹7	连续水平窗5	重5	大门框4		188（88.7%）
F10	结构外露43	银色20	钢结构15	顶部回廊14	玻璃幕墙10	锐角8	简洁6　166　89（1.87）
	现代感5	直线的4	平面4				129（77.7%）
G12	玻璃44	用地窄18	水平线11	垂直线8	入口高细7	幅窄6	简洁6　157　91（1.73）
	竖长6	底层架空5	清爽4	墙的颜色4	平屋顶4		123（78.3%）
H15	顶部造型58	整体色彩25	绿色21	圆筒15	圆润10	天线5	光泽5　203　94（2.16）
	绿色+金色5	水平窗5	没见过4	红色4	曲线4	艳丽4	中空4　173（85.2%）
	轴线4						

编号①	感受到建筑特色的部位及要素（数字为频度，频度4以下省略）							结果②
I12	山墙34	清水混凝土23	装饰17	墙的材质16	墙的颜色12	轴线10	入口9	183 95（1.93）
	狭窄9	暗色调7	玻璃5	常见5	材质的对比4			151（82.5%）
J9	顶部造型77	曲面30	圆环（旋转）23	配色19	天线5	曲线4	直线+曲线4	198 02（1.94）
	日本没有4	青绿+白4						170（85.9%）
K9	柠檬色23	玻璃砖21	玻璃19	十字结构13	螺旋楼梯11	简洁9	四方形9	158 91（1.74）
	外楼梯6	四边5						116（73.4%）
L10	大屋顶43	层叠19	凹凸的墙15	白13	屏风8	方窗5	氛围5	138 94（1.47）
	配色4	上下不配4	日本没有4					120（87.0%）
M11	贝壳造型46	圆筒32	金色25	层叠20	配色18	日本没有9	弧形阳台8	207 96（2.16）
	金色+绿色6	艳丽5	浓绿4	近未来4				177（85.5%）
N10	四方形25	配色14	常见12	简洁8	幕墙8	黑色7	高层7	134 90（1.49）
	直线的5	平屋顶6	长+短4					96（71.6%）
O12	顶部造型43	圆筒31	配色14	日本没有10	体块组合8	列柱8	玻璃幕墙6	178 96（1.85）
	火箭5	金色5	尖锐5	天线4	没有角4			143（80.3%）
P12	玻璃盒38	常见11	檐口10	玻璃多8	重复平面6	阳台6	绿植6	158 88（1.80）
	扶手5	暗色5	庭5	简洁4	细线4			108（68.4%）
Q10	凹凸29	土色17	入口9	普通9	双色条纹8	基础厚6	室外楼梯5	133 91（1.46）
	周围的树5	古老4	重4					96（72.2%）
R10	屋顶造型39	窗的统一21	色调稳重18	入口11	简洁7	常见6	方窗6	154 90（1.71）
	样式5	对称4	平面的4					121（78.6%）
S10	传统屋顶66	列柱19	对称15	方窗12	前庭12	整体构成9	白8	187 97（1.93）
	飞檐7	配色6	城墙4					157（84.0%）
T12	变形屋顶34	色调33	屋顶窗18	绿23	入口12	竖长窗9	整体造型8	194 89（2.18）
	裙房4	大4	欧美4	高差4	日本和中国4			157（80.9%）
U14	钢筋骨架23	玻璃20	结构外露11	透明感9	看到内部8	斜筋7	窗框6	171 89（1.92）
	石阶6	普通5	格栅5	角5	格栅状5	简洁4	四方形4	118（69.0%）
V10	传统屋顶86	入口57	扇形窗35	圆窗18	假山7	白色6	装饰的5	262 01（2.59）
	细部装饰少5	冲绳5	中国风4					228（87.0%）
W12	变形屋顶79	青绿15	配色9	纵窗8	垂直线7	轴线7	墙线7	202 99（2.04）
	顶部造型6	白+青绿5	凸窗5	寺5	裙房5			158（78.2%）
X15	砖混结构43	清水混凝土16	植栽17	色彩13	和风13	赤+黑12	黑9	214 92（2.33）
	橙色9	直线的5	格栅8	入口4	阳台4	扶手4	凹凸4	165（77.1%）
	黑红白4							

编号①	感受到建筑特色的部位及要素（数字为频度，频度4以下省略）							结果②
Y9	赤59	圆窗39	层叠20	配色11	周围的风景9	白+赤5	高度5	178 96（1.85）
	顶部造型5	艳丽4						157（88.2%）
Z14	玻璃幕墙28	清水混凝土23	室外楼梯22	外廊18	玻璃15	天线9	挑檐多8	216 93（2.32）
	石阶7	框架7	色彩7	RC+玻璃6	开放4	设计感4	细4	162（75.0%）

注1：表示频度4及以上的部位及要素的个数。
注2：第一行表示所有建筑部位及要素的总次数 a，心理实验参与者人数 b，以及该建筑的平均次数（a/b）
　　　第二行为频度4及以上的部位及要素的总次数 c，括号内为全回答次数中所占比例（c/a）

　　综上所述，日本人对中日现代建筑风格的认知部位及要素，会根据建筑物的不同而不同，这也与中国人的实验结果相同，在实验中对每个建筑的认知部位及要素在20个以内。

6.5.2　基于词语表现探讨中日现代建筑的意象

1．从词语比较中日意象

　　利用表6-9的结果，统计出每个词语在中日建筑中被使用到的次数（以下统称为频数），以此通过词语来探讨中日现代建筑的意象认知差异。表6-11和表6-12则显示了频数在2以上的合计结果。从该表中能看出中日建筑的意象差异怎样从词语表现出来。从频数在5以上即被频繁使用的词语来看，中国建筑为"酒店""沉重""古老""独特""巨大""城堡""屋顶"等词，而日本建筑为"简约""干净""直线""玻璃""明亮""寒冷""透明""开放""现代"等词。从这些词语的意义上可看出，在中国的现代中高层建筑中，"酒店""独特"且看上去又重又大的这些词，不是从建筑外观的细节上看，而是从建筑整体的轮廓外形上把握，特别是受本书6.5.1节第1条中指出的"顶部造型"的特征意象的影响。

　　另外，从频数为2以及合计频度为10的少数意见上看，中国建筑有7个，日本建筑有6个。在这些少数意见中被使用到的频数为3以上的有建筑物J和V，日本建筑则没有。这些建筑中，从本书6.5.1节第1条意象test1和test3的结果看，建筑物J最不受欢迎，建筑物V最具有中国风格。

联想词语频数统计1（实验参与者为日本人）　　　　　　　表6-11

中国现代建筑															
联想到的词语	B	E	H	J	L	M	O	Q	S	T	V	W	Y	频数	合计
酒店	13	9	0	8	17	6	0	8	11	0	6	5	9	10	92
沉重	0	16	0	0	4	4	0	7	0	9	0	8	0	6	48
古老	4	6	0	4	0	0	0	12	0	0	6	0	8	6	40
独特	4	0	4	0	4	0	5	0	0	0	4	0	4	6	25

联想到的词语	B	E	H	J	L	M	O	Q	S	T	V	W	Y	频数	合计
					中国现代建筑										
巨大	0	12	0	0	0	5	0	0	11	7	0	4	0	5	39
城堡	0	15	0	0	0	0	5	0	6	4	0	5	0	5	35
屋顶	0	0	0	0	7	0	0	0	8	4	8	7	0	5	34
白色	7	0	0	0	18	0	0	0	13	0	10	0	0	4	48
色彩奇怪	0	0	9	0	0	6	0	0	0	12	0	0	9	4	36
有趣	0	0	0	4	0	7	0	0	0	0	6	0	4	4	21
中国	0	9	0	0	0	0	0	0	17	0	0	6	0	3	32
高层/高	0	0	6	0	11	0	0	0	0	0	0	9	0	3	26
塔	0	0	9	10	0	0	0	0	0	0	0	7	0	3	26
凌乱	0	0	0	0	9	0	10	0	0	0	0	5	0	3	24
稳重	0	7	0	0	0	0	0	4	0	0	0	4	0	3	15
国家机关	0	0	0	0	0	0	0	0	5	4	0	4	0	3	13
火箭	0	0	6	0	0	0	32	0	0	0	0	0	0	2	38
未来的	0	0	17	8	0	0	0	0	0	0	0	0	0	2	25
绿色	0	0	8	0	0	0	0	0	0	15	0	0	0	2	23
医院	0	0	0	0	0	0	0	14	0	0	6	0	0	2	20
凹凸	0	0	0	0	10	0	0	8	0	0	0	0	0	2	18
豪华	0	0	0	0	0	12	0	0	5	0	0	0	0	2	17
高级	0	11	0	0	0	4	0	0	0	0	0	0	0	2	15
压迫感	0	8	0	0	0	0	0	0	0	0	0	4	0	2	12
学校	0	0	0	0	0	0	0	7	0	0	4	0	0	2	11
波	7	0	0	0	4	0	0	0	0	0	0	0	0	2	11
壮大	0	5	0	0	0	0	0	0	0	0	0	6	0	2	11
流线的	5	0	5	0	0	0	0	0	0	0	0	0	0	2	10
奇葩	0	0	0	4	0	0	0	0	0	0	5	0	0	2	9
条纹	4	0	0	0	0	0	0	5	0	0	0	0	0	2	9
宇宙	0	0	0	5	0	4	0	0	0	0	0	0	0	2	9
圆的	0	0	0	5	0	0	0	0	0	0	4	0	0	2	9
历史的	0	0	0	0	0	0	0	0	4	0	4	0	0	2	8

联想到的词语	A	C	D	F	G	I	K	N	P	R	U	X	Z	频数	合计
	日本现代建筑														
简约	4	9	0	0	14	5	7	7	0	4	5	4	0	9	59
干净	11	5	0	8	10	5	4	0	4	0	6	0	4	9	57
直线的	4	8	0	4	4	0	0	7	4	0	0	0	4	7	35
玻璃	25	18	0	0	9	0	5	0	7	0	10	0	0	6	74
明亮	11	0	8	5	10	0	0	0	0	0	5	0	5	6	44
冷	0	6	0	7	0	0	0	5	0	7	6	0	4	6	35
透明	21	0	0	0	6	0	7	0	4	0	25	0	0	5	63
开放	6	0	0	0	14	0	0	0	4	0	10	0	5	5	39
现代的	0	4	6	11	0	0	4	0	0	0	0	0	6	5	31
暗	0	11	0	0	0	12	0	11	0	0	0	15	0	4	49
公司	0	18	0	5	0	0	0	12	0	8	0	0	0	4	43
学校	0	0	9	0	4	0	0	0	17	0	0	0	6	4	36
稳定	0	4	0	0	0	9	0	0	7	0	0	11	0	4	31
细（长）	0	0	0	5	12	8	5	0	0	0	0	0	0	4	30
住宅	0	0	4	0	7	9	0	0	0	0	0	4	0	4	24
安静	0	5	0	0	0	4	0	0	9	0	0	4	0	4	22
办公楼	5	0	0	7	4	0	0	5	0	0	0	0	0	4	21
黑	0	6	0	0	0	0	0	13	0	0	0	12	0	3	31
方正	8	6	0	0	0	0	14	0	0	0	0	0	0	3	28
狭窄	0	0	0	0	15	7	4	0	0	0	0	0	0	3	26
轻	0	0	0	0	4	0	0	0	0	0	9	0	4	3	17
平面的	0	4	0	0	0	0	0	0	6	0	0	0	6	3	16
规整	0	5	0	0	0	0	0	0	5	5	0	0	0	3	15
统一感	4	0	0	0	0	0	0	0	5	5	0	0	0	3	14
高层	0	0	0	15	0	0	0	13	0	0	0	0	0	2	28
对称的	0	0	0	0	0	0	5	0	0	18	0	0	0	2	23
锐利	0	0	0	5	0	0	0	11	0	0	0	0	0	2	16
有趣	0	0	8	0	0	0	0	0	0	0	0	0	6	2	14
硬	0	10	0	0	0	0	0	0	0	0	4	0	0	2	14
植物	8	0	0	0	0	0	0	0	5	0	0	0	0	2	13
色彩丰富	0	0	8	0	0	0	0	0	0	0	0	4	0	2	12
框架	0	0	0	0	0	0	0	0	0	0	4	0	8	2	12
重	0	5	0	0	0	0	0	6	0	0	0	0	0	2	11

联想到的词语	日本现代建筑													频数	合计
	A	C	D	F	G	I	K	N	P	R	U	X	Z		
时尚	0	0	0	0	0	0	0	0	0	0	0	5	5	2	10
压迫感	0	0	0	0	0	0	0	5	0	4	0	0	0	2	9
普通	4	0	0	0	0	0	0	0	5	0	0	0	0	2	9
研究所	0	0	0	0	0	0	0	0	0	0	4	0	5	2	9
清爽	0	0	0	0	4	0	0	4	0	0	0	0	0	2	8
块/箱	0	4	0	0	0	0	4	0	0	0	0	0	0	2	8

2．从词语看中日建筑间的相互关系

为了能够根据词语将建筑物之间的关系定量化，通过表6–11、表6–12的数据，求出了建筑物之间的相关系数。图6–8总结了相关系数在0.25以上的所有关系。相关系数值最大的为0.73，为了能够更清楚地标出相关关系的强弱，相关系数从0.25开始以0.15为单位进行图表化。

由于中日两国建筑之间的相关性比本国建筑间的相关关系更弱，因此按国家进行了明确的区分。这与中国人的实验结果相同，说明根据词语的不同能够区分不同国家建筑的意象。

相关系数在0.55以上、相关性最强的建筑物被使用的出现频数最高的词语，中国建筑为建筑B与建筑L的"酒店""白色"、建筑E与建筑W的"昏暗""沉着"。日本建筑为建筑A与建筑U的"透明""玻璃"，建筑I与建筑X的"沉重""城堡"。关于这些词语，与图6–1建筑物的外观照片进行对照可以明白与其意象相符合状况。

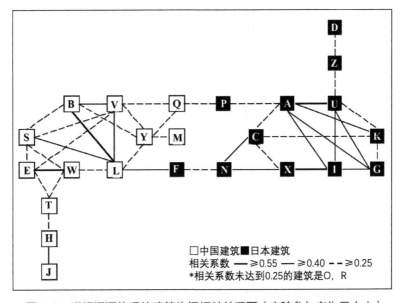

图6-8　联想词语体现的建筑物间相关关系图（实验参与者为日本人）

从以上的相关分析结果可以看出，与中国人的实验结果相同，中日建筑之间从词语中体现出的相关性比较独立，各国表达意象的特定词汇与建筑外观之间具有一定的相关性。

3．根据典型相关分析进行的特色评价

根据第3章中提出的典型相关分析法，对中日建筑特色与联想（意象）词语的相关性进行进一步的探讨。将从意象test3中得出的中日建筑特色的尺度平均值和本书6.5.2节第1条中使用的词语作为两个集合。但是6.5.2节第1条中使用过的词语数有75个，由于数量太多，在典型相关分析上比较困难，所以将词语数调整、归纳到了20个。即求出两集合的相关系数，去掉特征弱及相关性小的词语，抽选出相关系数在0.35以上的词语，共22个。将这些作为典型相关分析的主要数据。从分析结果中得到两组典型相关系数，第一组典型相关变量的相关系数达到显著水平（$R=0.996$），为有极显著的统计学差异数据（$\chi^2=101.59$，$p<0.001$）。图6-9显示的是从第一组典型相关变量中得出的各变量的交叉负荷系数（$\geq \pm 0.3$）。

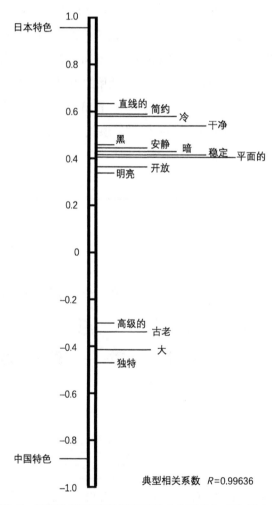

图6-9 联想词语的典型相关系数（实验参与者为日本人）

第一变量集合中的中国特色和日本特色的交叉负荷系数较高，呈现出较高的负相关性，集合内的中国特色与日本特色也形成了对比。另外，第二变量集合的"直线的""简约""冷""干净""独特""巨大"等交叉负荷系数相对较大，相关性较明晰。"直线的""简约""冷"的正相关变动作用于日本特色的正相关变动及中国特色的负相关变动。再者，"独特""巨大"的正相关变动作用于中国特色的正相关变动及日本特色的负相关变动。而且，第一、第二变量集合的贡献率分别为83.4%和16.7%，冗余指数在第一变量集合中为82.8%，在第二变量集合中为16.6%。从第一变量中能够预测到第二变量的比例为16.6%，相比之下，逆向预测的比例高达82.8%。

综上所述，关于意象联想词语的中国特色和日本特色与中国人的实验结果相同，具有对比关系，日本大学生与中国大学生一样从特定的词语中能够联想到相关国家的风格。在特定词语上与中国大学生不同的是，"独特""巨大""古老"等经常用来表现中国特色，"直线的""简约""寒冷"等经常用来表现日本特色。

6.5.3 从建筑外观的形态结构看中日现代建筑意象

1. 建筑部位及要素的中日意象比较

本节与6.4.3节相同，在意象test4中，从建筑外观的形态结构的角度分析了能够感知中日现代建筑特色的部位及要素。即利用表6-10的结果，计算能够感知特色要素的出现频数。表6-13和表6-14中显示了频数在2以上的统计结果。表中可看出能够感知中日现代建筑各国特色的部位和要素。从频数在5以上即被频繁划出的建筑部位及要素来看，中国建筑为"配色""顶部造型""日本没有""圆筒"等，日本建筑为"简约""玻璃""常见""玻璃幕墙""方形""入口"等。综上所述，中国建筑中配色、屋顶形状及圆筒的部分具有视觉上刺激强的特征。日本建筑中建筑材料特别是玻璃的特征比较明显。

另外，从频数为2以及合计频数在10以下的少数意见来看，中国建筑中有3个，日本建筑中有4个。同一建筑中有2个的为日本建筑A与F，中国建筑中则没有。参照有关特色认知的本书6.5.1节第1条的意象test3的结果，从中可看出喜好程度以及包括意象在内的特色认知的不明确性。

建筑部位及要素的频数合计1（实验参与者为日本人） 表6-13

建筑部位及要素	中国现代建筑													频数	合计
	B	E	H	J	L	M	O	Q	S	T	V	W	Y	频数	合计
配色	13	0	0	19	4	18	14	0	6	0	0	9	11	8	94
顶部造型	21	0	58	77	0	0	43	0	0	0	0	6	5	6	210
日本没有	9	0	0	4	4	9	10	0	0	0	0	0	0	5	36

建筑部位及要素	B	E	H	J	L	M	O	Q	S	T	V	W	Y	频数	合计
						中国现代建筑									
圆筒	42	0	15	0	0	32	31	0	0	0	0	0	0	4	120
入口	0	7	0	0	0	0	0	9	0	12	57	0	0	4	85
层叠	18	0	0	0	19	20	0	0	0	0	0	0	20	4	77
白色	7	0	0	0	13	0	0	0	8	0	6	0	0	4	34
白+青绿	8	11	0	4	0	0	0	0	0	0	0	5	0	4	28
天线	5	0	5	5	0	0	4	0	0	0	0	0	0	4	19
绿	0	0	21	0	0	4	0	0	0	23	0	0	0	3	48
曲线	26	0	4	4	0	0	0	0	0	0	0	0	0	3	34
轴线/对称	0	0	4	0	0	0	0	0	15	0	0	7	0	3	26
艳丽	0	0	4	0	0	5	0	0	0	0	0	0	4	3	13
传统屋顶	0	0	0	0	0	0	0	0	66	0	86	0	0	2	152
变形屋顶	0	0	0	0	0	0	0	0	0	34	0	79	0	2	113
大屋顶	0	64	0	0	43	0	0	0	0	0	0	0	0	2	107
红色	0	0	4	0	0	0	0	0	0	0	0	0	59	2	63
曲面	15	0	0	30	0	0	0	0	0	0	0	0	0	2	45
凹凸	0	0	0	0	15	0	0	29	0	0	0	0	0	2	44
金色	0	0	0	0	0	25	5	0	0	0	0	0	0	2	30
列柱	0	0	0	0	0	0	8	0	19	0	0	0	0	2	27
青绿	7	0	0	0	0	0	0	0	0	0	0	15	0	2	22
方窗	0	0	0	0	5	0	0	0	12	0	0	0	0	2	17
圆润	7	0	10	0	0	0	0	0	0	0	0	0	0	2	17
双色条纹	0	7	0	0	0	0	0	8	0	0	0	0	0	2	15
整体的形	5	0	0	0	0	0	0	0	0	8	0	0	0	2	13
绿色＋金色	0	0	5	0	0	6	0	0	0	0	0	0	0	2	11
氛围	5	0	0	0	5	0	0	0	0	0	0	0	0	2	10
连续水平窗	0	5	5	0	0	0	0	0	0	0	0	0	0	2	10
裙房	0	0	0	0	0	0	0	0	0	4	0	5	0	2	9

建筑部位及要素的频数合计2（实验参与者为日本人）　　　　表6-14

建筑部位及要素	A	C	D	F	G	I	K	N	P	R	U	X	Z	频数	合计
						日本现代建筑									
简洁	4	8	0	6	6	0	9	8	4	7	4	0	0	9	56
玻璃	8	0	0	0	44	5	19	0	8	0	20	0	15	7	119
常见	9	12	8	0	0	5	0	12	11	6	0	0	0	7	63

建筑部位及要素	日本现代建筑													频数	合计
	A	C	D	F	G	I	K	N	P	R	U	X	Z		
玻璃幕墙	28	28	0	10	0	0	0	8	0	0	0	0	28	5	102
方形	5	12	0	0	0	0	14	25	0	0	9	0	0	5	65
入口	4	0	0	0	7	9	0	0	0	11	0	4	0	5	35
直线的	0	8	0	4	0	0	0	5	0	0	0	5	0	4	22
清水混凝土	0	0	0	0	0	23	0	0	0	0	0	16	23	3	62
室外楼梯	5	0	0	0	0	0	6	0	0	0	0	0	22	3	33
水平线/扶手	0	0	0	0	11	0	0	0	9	0	0	4	0	3	24
平屋顶	4	0	0	0	4	0	0	6	0	0	0	0	0	3	14
屋顶造型	0	0	53	0	0	0	0	0	0	39	0	0	0	2	92
砖混结构	0	0	11	0	0	0	0	0	0	0	0	43	0	2	54
配色	0	0	16	0	0	0	0	14	0	0	0	0	0	2	30
十字结构	0	0	15	0	0	0	13	0	0	0	0	0	0	2	28
透明感	9	0	0	0	0	0	0	0	0	0	17	0	0	2	26
银色	0	0	5	20	0	0	0	0	0	0	0	0	0	2	25
绿植	0	0	0	0	0	0	0	0	6	0	0	17	0	2	23
结构外露	0	0	12	0	0	0	0	0	0	0	11	0	0	2	23
色彩	0	0	0	0	0	0	0	0	0	0	0	13	7	2	20
檐口/挑檐	0	0	0	0	0	0	0	0	10	0	0	0	8	2	18
垂直线	0	0	9	0	8	0	0	0	0	0	0	0	0	2	17
窗框	0	10	0	0	0	0	0	0	0	0	6	0	0	2	16
黑色	0	0	0	0	0	0	0	7	0	0	0	0	9	2	16
轴线/对称的	0	0	0	0	0	10	0	0	0	4	0	0	0	2	14
方窗	0	0	6	0	0	0	0	0	0	6	0	0	0	2	12
阳台	0	0	0	0	0	0	0	0	0	6	0	0	4	2	10
设计感	5	0	0	0	0	0	0	0	0	0	0	0	4	2	9
底层架空	4	0	0	0	5	0	0	0	0	0	0	0	0	2	9
平面的	0	0	0	4	0	0	0	0	0	4	0	0	0	2	8

2．中日建筑在建筑部位及要素间的相互关系

为了将建筑部位和要素的相互关系定量化，利用表6-13和表6-14的数据求出了建筑物间的相关系数。图6-10中总结了所有相关系数在0.25以上的关系数据。其中，相关数据的最大值为0.89，为了使相关性的强弱更容易判断，将相关系数从0.25开始以0.15为单位进行区分和图表

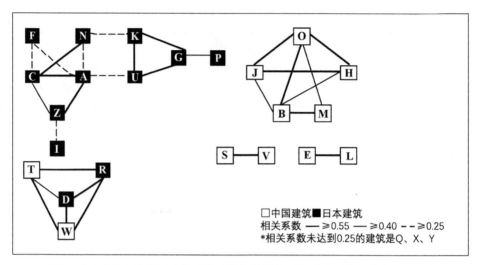

图6-10　建筑部位及要素体现的建筑间相关关系图（实验参与者为日本人）

化。与中国人的实验结果相同，建筑物间的所有关系共通性较少，根据国家不同分成了若干个
分组。

　　将相关系数在0.55以上的相关性最强即"出现频度高的部位及要素"从表6-10中抽出看，
建筑H、J、O为"顶部"，建筑B和N为"圆筒"，建筑G、K、U为"玻璃"，建筑A、C、N、
Z为"玻璃幕墙"，建筑T、W、D、R为"异形屋顶"，建筑S、V为"传统屋顶"、建筑E、L
为"大屋顶"。将这些部位和要素与图6-1的建筑物外观照片对照，大致都与建筑外观所具有
的特征相符合，而且将中国建筑与日本建筑双方类似的部位及要素加以合并，从每个要素及
部位中能够得出相似的意象。也就是说判断建筑特色的部位和要素被个别化后具有多样化的
特点。

　　综上所述，从建筑物多样化的部位及要素中衍生出的意象也同样是多样的。

3．根据典型相关分析进行特色评价

　　与本书6.5.2节相同，为了找出中国特色和日本特色的关系，进行了典型相关分析。把从意
象test3中得出的中日建筑的特色尺度平均值，以及本书6.5.3节（1）中适用的部位和要素作为
两个集合。但是，6.5.3节（1）中适用的部位和要素有61个，由于数量太多，在典型相关分析
上比较困难，所以将数量调整、归纳到了20个。即求出两集合间的相关系数，删掉特征相关性
较弱的部位和要素，选出相关性较高（≥±0.35）的16个要素，并将其适用于典型相关分析。
从分析结果中得到两组典型相关系数，第一组典型相关系数的值较大（$R=0.986$），为有极显
著的统计学差异数据（$x^2=75.750$，$p<0.003$）。图6-11显示的是第一组典型相关变量中各变量的
交叉负荷系数（≥±0.3）。

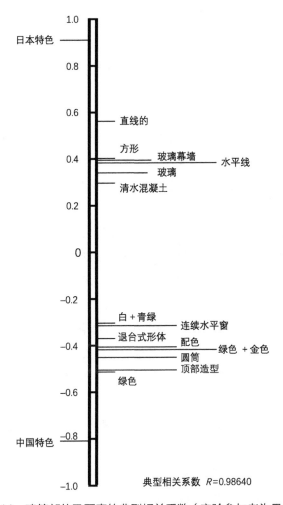

日本特色 ─ 1.0

0.8

直线的 ─ 0.6

方形 ─
玻璃幕墙 ── 水平线 0.4
玻璃 ─
清水混凝土 ─ 0.2

0

─ -0.2

白+青绿 ─── 连续水平窗
退台式形体 ─ 配色 -0.4
绿色+金色
圆筒 ─
顶部造型 ─

绿色 ─ -0.6

中国特色 ─ -0.8

-1.0

典型相关系数 R=0.98640

图6-11　建筑部位及要素的典型相关系数（实验参与者为日本人）

第一变量集合中的中国特色和日本特色的交叉负荷系数较大，呈现出较高的负相关性，集合内的中国特色与日本特色也形成了对比。另外，第二变量集合的"直线的""方形""玻璃幕墙""绿色""顶部造型"等交叉负荷系数相对较大，相关性较明晰。"直线的""方形""玻璃幕墙"的正相关变动作用于日本特色的正相关变动及中国特色的负相关变动。再者，"绿色""屋顶的形状""圆筒"的正相关变动作用于中国特色的正相关变动及日本特色的负相关变动。而且，第一、第二变量集合的贡献率分别为73.4%和12.3%，冗余指数在第一变量集合中为71.4%，在第二变量集合中为12.0%。

综上所述，日本大学生对中日两国建筑类似的建筑部位及要素都会具有同一、相似的意象。中国特色和日本特色会因特定的部位和要素被赋予一定的特征。在这些特定的部位和要素中，中国特色经常为"绿色""顶部造型""圆筒"，日本特色经常为"直线的""方形"。

6.6　小结

　　根据中日两国大学生对中国现代建筑和日本现代建筑外观的意象认知，以及包含这一意象的中国特色和日本特色的比较结果，可以得出以下结论：

　　（1）中日两国大学生都较喜欢日本建筑并觉得其具有美感，对中国的现代建筑都相对不关心。

　　（2）从中日两国心理实验参与者填写的占4%以上的词语、建筑部位及要素来看，根据建筑外观意象所联想到的词语，会因建筑物的不同而有所差异，最高不超过30个（词语）。特色感知的建筑部位及要素也同样，最高不超过20个（部位及要素）。

　　（3）从意象联想到的词语在中国特色和日本特色的认知上存在着对比关系，对于某些特定词语，会联想其相关国家的风格特征。关于这些特定词语，可以归纳为：

　　●中国大学生经常用"呆板""平凡""单调"等来形容中国特色，用"简约""现代感""精致"等来形容日本特色。

　　●日本大学生经常用"独特""巨大""古老"等来形容中国特色，用"直线的""简约""冷淡"等来形容日本特色。

　　（4）当能够感知特色的建筑部位及要素出现相似状况时，会得到几乎相同的意象。中国特色及日本特色会因特定部位及要素的不同被赋予各自的特征。关于特定的部位及要素，可归纳为：

　　●中国大学生经常用"白+青绿""分段的/韵律""屋顶的形状"等来形容中国特色，用"清水混凝土""板状/墙面""大型玻璃窗"等来形容日本特色。

　　●日本大学生经常用"绿色""顶部造型""圆筒"等来形容中国特色，用"直线的""方形""玻璃幕墙"等来形容日本特色。

　　（5）从频数较小的词语、建筑部位及要素来看，在意象认知及包括意象在内的风格认知上具有一定的不明确性及多样性。

本章参考文献

[1] 村松　伸：アジアの現代建築を分析する，村松伸監修：アジア建築研究—トランスアーキテクチャー/トランスア
     ーバニズム　10+1別冊，INAX出版，pp.268-279，1999.12.

[2] 顾　孟潮：后新时期中国建筑文化的特征，建筑学报，pp.24-30，1994-5.

[3] 邹　德侬：中国现代建筑史，天津科学技术出版社，2001.5.

[4] 坂本一成，西山秀志：言葉による住宅外形のイメージ　その1　建築の形象での図像性に関する研究，日本建築学
     会計画系論文集，No.363，pp.104-114，1986.5.

[5] 朝野熙彦：入門　多変量解析の実際　第2版，講談社，2000.10.

[6] 森　典彦：製品デザインのための外観印象の因果分析—自動車を事例として，大澤光編：「印象の工学」とはなに
     か人の「印象」を正しく分析・利用するために，丸善プラネット，pp.194-210，2000.1.

第 7 章

中日建筑外观各时代的
风格比较考察

7.1 建筑历史上中日建筑之间的关系

从文化影响的规律来看，自古以来都是高等文化影响较低等的文化。比如，"从甲国文化影响乙国文化的状态来看，就像收音机的电波发射和电波接受。甲国文化程度的高低及宽窄将会影响到电波的波长及强弱。乙国的受影响程度也就如同收音机接受电"[1]。

日本的建筑文化从中国的汉朝开始就受中国影响，在唐朝时受到的影响最为强烈。经过长年的发展，日本在中华建筑文明圈的框架中，不仅拥有了与中国相似的特征，也因自身独特的气候、环境、习惯等各类要素及文化、风土的综合影响，在结构、表现以及其衍生出的意象认知上都发生了变化，出现了具有较强地域特色的传统建筑和建筑文化。可见日本建筑在传承文化的过程中，也成了文化的记忆转换装置。因此，中日传统建筑在共有汉字文化圈空间特征的同时，两国又都存有各自独特的空间特性，从而衍生出了中国特色和日本特色各自的独特性。

进入近代后，世界各地的建筑文化在全世界传播并开始互相影响。而此时的中日建筑，中华建筑文明圈开始遭遇西洋建筑文明的入侵[2]。也就是说，近代中日两国的传统建筑不仅仅受到双方各自文化的影响，还受到西洋建筑、文化、技术及材料的影响。以荷兰殖民地为开端，中华街、仿洋风建筑、"世界风"建筑以及现代派建筑等，各种各样的近代建筑在新的框架中产生、发展。在此期间，中国沦为半殖民地国家，从世界建筑界来看，中国的建筑就像日本一样成为附属的存在。由于以上原因，中日近代建筑的风格特性要比中日传统建筑更加复杂和混乱。

第二次世界大战结束后，世界建筑进入了建筑"现代史"，开始了现代主义的第二次扩散。之后，世界建筑的后现代主义作为批判近代的现代主义而产生。泡沫经济破裂后，日本建筑完成了"量"到"质"的转变。中国在第二次世界大战后加入了苏联和东欧的社会主义阵营，尝试探索用社会主义建筑思想表达传统的民族特色。但是，在"文化大革命"期间，建筑的价值未得到肯定，新建筑的建设完全中断，大量的传统建筑遭到破坏。到了1980年代进入改革开放时期，后现代主义在中国开始流行，出现了许多被称为第二次民族特色的建筑。当下的中国经济高速发展，逐渐实现着各国建筑师的作品。在当今这个一体化的世界建筑界中，中日建筑受到西方建筑的影响、双方的相互影响，以及其他各种因素的影响。但是，与其说中日两国建筑的风格上存在着混乱，倒不如说随着时间的推移，在当下全球化的趋势下，中日两国各自正在衍生具有独特风格的软影响力。图7-1显示了在各时代中日两国建筑的关系。

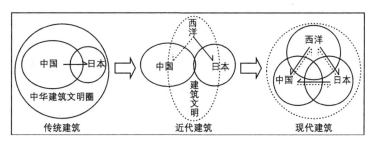

图7-1 世界建筑中的中日建筑关系演变图

7.2 传统、近代、现代的中日建筑外观的风格比较

7.2.1 意象言语表现

从第3章的内容可知，意象研究是以人为对象，为了探索其意识状况，通过评价与建筑外观相关的风格，具体体现为通过意象的言语表现（以形容词对为主）的认知行为。本节针对传统、近代、现代各时代的中日建筑外观，将在第4章～第6章中得到的现代人所感知的特征词语进行了进一步的比较分析。

表7-1显示了现代人所感知的各时代建筑风格的词语表现结果。从传统、近代、现代各时代风格的认知词语的共同性来看，中国建筑的意象特征为相对于周边环境的存在感；日本建筑的意象特征则为融入周边环境的透明感。

中日各时代建筑外观的风格词语表现 表7-1

项目		传统建筑		近代建筑	现代建筑
中国特色	中国人	装饰的、古老的	庄严感		呆板、平凡的
		稳重的、对称的			单调、古老
		庄重的、人工的			庄严、对称的
	日本人	色彩丰富的、人工的	存在感	装饰的、豪华的、复杂的、独特的	独特的、巨大的
		立体的、豪华的			古老、高级
		丰富的			沉重
日本特色	中国人	无装饰的、轻快的	无垢感		简洁的、现代感
		自然的、无色彩感的			精致、空间的
		有素材感			通透
	日本人	装饰性低、平面的	透明感	无装饰的、简朴的、静的、直线的	直线的、简约
		色彩感弱			冷淡、好看
		清新的、稳重的			黑暗

7.2.2 建筑部位及要素

根据第3章的内容，建筑文化是在综合了各国的气候、环境、习惯等各种要素形成的。建筑则是通过人来反映各地域的技术所被创造的。因此，人们对不同建筑所认知的意象受到建筑文化和建筑建造者的影响，其形象、色彩等抽象意象被视觉所捕捉的同时，也会取决于建筑的建造者，即包含了建筑材料、构造及其背景的建筑文化和文明[3]。在第3章中总结的"材料""构造""空间""装饰"四个要素，可以说是感知建筑风格的重要线索因素。本节中，将在第4、5、6章中得到的传统、近代、现代各时代的中日建筑外观的部位及要素的关系进行比较。

表7–2从现代人的角度展示了影响各个时代特征的建筑部位及要素，投影出现代人所感受到的各个时代孕育的文化。可以说，对于传统建筑，现代人能够在日常生活中通过接触传统文化和技术类型等加以认知，因此相对现代建筑，不管是中国的还是日本的传统建筑都相对容易被类型化且易于区分。而对于现代建筑只能通过传统的氛围、建筑的细节以及时代的重叠等找到一些线索，感受其独特性。

中日各时代建筑外观风格的部位及要素　　　　　　　　表7–2

项目		传统建筑			近代建筑	现代建筑
		比例	色彩	建筑部位		建筑部位及要素
中国特色	中国人	安定感	红、黄的暖色系	斗栱		白+青绿
		水平的	明亮色	兽头		退台/韵律
		曲线的	青紫装饰	琉璃瓦		顶部造型
	日本人	安定的	红、黄、绿	曲线屋顶	构成	绿色
		立体的	原色系	跳跃感		顶部造型
		曲线的				圆筒
日本特色	中国人	不安定感	青、绿的寒色系	屋顶平缓		清水混凝土
		平面的	无彩色系	建造简约		格栅、板状/壁式
		静的	清新的、自然的	障子		大型玻璃窗
	日本人	平衡感好	黑、茶的低彩度系	素材感		直线、方形
		形态变化少	色彩组合暗淡	墙上装饰少	空间	玻璃幕墙
		直线的、平面的				水平线

7.2.3 关于感知建筑特色"四要素"的讨论

总结以上研究结果，结合第3章感知中日两国建筑特色化的四要素——材料、结构、空间及装饰，我们可以发现，自古以来人们在建筑上使用的都是可以入手的材料。中国传统建筑经常用到的除了木材之外还有砖瓦，而日本传统建筑大部分就只用到木材。到了近代，西洋建筑文明进入两国，随之也传入了铁、玻璃、混凝土等许多新的建筑材料。第二次世界大战结束后，随着新材料的开发，建筑材料的种类不断增加，但中国由于内战和"文化大革命"的影响经济上出现了停滞，在新材料的引进和开发上也较为缓慢。改革开放后随着中国经济的高速发展，新材料的开发和使用大力加速。但是因为发展时间较短，用新材料建造的中国现代建筑还未能完全表达中国特色。

日本经历了战后经济高速发展时期，在提高自身经济实力的同时，通过召开大阪世博会和东京奥运会，新技术和新材料在日本打下了坚实基础。其中，现代建筑大师勒·柯布西耶（Le Corbusier）经常使用的清水混凝土材料，经过日本建筑师安藤忠雄的再设计以及施工方法的改进，展现出具有日本特色的细腻肌理，成为现代建筑世界中一种日本建筑特征的表达方法和手段。

建筑在建造过程中，用"材料"加以组建、固定的过程可以称为"构成"。日本的地理气候相对高温湿润、山林众多，因此地处远东地区的日本，其传统建筑也被称为是基于通过技巧和调整技术开发的木造轴组构法的"重建重组文化"的构筑物。建筑师布鲁诺·陶特（Bruno Julius Florian Taut，1880—1938）曾评价日本的传统木造建筑更符合近代建筑的特征[4]。中国的传统建筑也有木造轴组的建构方法，但砖瓦墙和瓦屋顶也随处可见。从当时的中原地区来看，这并不是体现了西方的重层集合性的文化，也可视为体现了具有平面稠密度的"叠加扩散的大地文化"的表现。其中，被称为中国最基本的传统建筑材料的砖瓦，以及传统建筑技艺的坡屋顶，最大限度地意象了传统建筑。进入近代，现代建筑标志之一的平屋顶对中日建筑产生了很大的影响，现代建筑中的坡屋顶成了稀有之物，但是，曲线的倾斜的屋顶至今还是能够唤起中国人的建筑乡愁。因此，还是有建筑师在现代建筑中进行尝试。

中日建筑在"空间"上一直都受到儒家、佛教思想以及对于自然环境而言的风水的影响。说明"空间"时常常用到"相关性""形""大小"[5]这三个要素。本书的意象实验的结果表明"相关性"与建筑的比例有关，中国传统建筑多为对称的、水平的、独特的，中国现代建筑也依然具有这些特点。日本传统建筑多为垂直的、单纯的，日本现代建筑也很好地继承了这些特征。关于"形"，中国建筑多为曲线的、平面的、开放的，日本建筑多为直线的、立体的。到了近代，日本建筑为了脱离中国的影子，日本建筑师开始强调"直裁简明"。从原本日本传统建筑多为微妙的曲线、中国传统建筑多为清晰的曲线，转变为"日本=直线"和"中国=曲线"这一单一的二元论[6]。至于"大小"，中日两国的风土自古以来都未变化，中国建筑多为大而宽阔，日本建筑多为小而狭窄。

最后，"装饰"可以从建筑色彩和雕刻角度来说明。关于色彩，中国传统建筑多为高彩度的原色系和暖色调，而日本传统建筑则多为低彩度的灰黑色系以及融入大自然的青绿色。中日现代建筑虽然没有像传统建筑那样色彩对比鲜明，但多数的中国建筑为了使自己更醒目，还是采用了类似"白+青"等较高彩度的配色，日本现代建筑更强调无色，即透明的意象特征。关于雕刻，主要体现在建筑细部，但随着建筑用途的变化、建筑技术的进步，再加上受到卷席全世界的现代"国际式样"的影响，雕刻日趋抽象化，以往在雕刻中所呈现出的具体意象特点也在渐渐消失。

7.3　构建感知超越时代的建筑外观意象的路径

建筑作为文化的表象之一，在传承文化的同时，也在漫长的历史中持续沉淀各个时代的文化。其中，体现建筑特性的各种要素也堆积沉淀，成为连接现代的媒介。可以说，现代建筑中的这些要素通过直接反映或间接映射传递到下一个时代，从而完成文化传承的使命。反之那些用新材料及新技术建造而成，受现代文化熏染的现代建筑也和传统建筑藕断丝连。现代建筑中感受到的传统的氛围、色彩等两者的叠加，能够让人感受到某一地域及国家的特征。因此，整理这些要素并将其数据化，是探寻各国建筑外观意象特征及风格的关键。

然后，探讨感知特征的意识构造过程的普遍化。作为对象的建筑要素，通过人的眼睛、皮肤等感官的感知，将意象传达到大脑，接着在自我意识的作用下，生活体验中所积累的心理意象瞬间被参照，并比较探求被传达的意象究竟为何物。当由这一参照行为产生的意象信息与意象感知信息达到一致时，则会产生对特征的感知。

在具有共同文化、生活方式的社会群体中，因为彼此间的生活体验容易类似，所积累的意象信息更容易产生同一化，许多人在感知某一要素时认知几乎类似。也就是说，共同的文化、共同的生活方式积蓄而成的意象，构筑了感知特征的数据库，也正是感知特征的本质。此外，这一心理意象会因为人的个性以及周围的状况等变化，时而清晰时而模糊，所以意象作为实体是十分深奥的，无法直接分辨。因此，通过放大遗留下来的各种要素来捕捉各时代地域内的生活方式以及各种文化，来间接探寻当时多数人共有的意象和特征。这也可以说是一种构建感知超越时代的建筑外观意象的路径。意象与文化紧密关联，现代人心中的意象也将会映射现代人所创造的文化个性。

7.4　小结

中日传统建筑、近代建筑及现代建筑在各时代的建筑外观特征如下：

（1）日本传统建筑受到中国很大的影响。近代以来，中日建筑在受到西洋建筑影响的同时，还受到双方互相的影响，以及其他各种因素的影响。与其说两国现代建筑在特征认知上存在着混乱，倒不如说在不断地交流过程中，两国各自衍生了具有自身特色的软特征。

（2）从传统、近代及现代中日建筑风格表达词语的共通性来看，中国建筑的意象特征多为区别于周边环境的存在感，日本建筑的意象特征多为融入周边环境的透明感。

（3）传统建筑风格反映在现代人在日常生活中接触的熟悉的传统文化及技术中，因此中国特色和日本特色容易区分；而现代建筑则通过传统的气氛、细节的放大和特写加以感受。

（4）在历史长河中，表现建筑特性的要素持续沉淀、堆积。整理这些要素并将其数据化，是发现各国建筑外观意象特征及风格的关键。

本章参考文献

[1] 飯田須賀斯：中国建築の日本建築に及ぼせる影響—特に細部に就いて—，相模書房，pp.3-23，1953.10.

[2] 村松　伸：アジアの現代建築を分析する，村松伸監修：アジア建築研究—トランスアーキテクチャー/トランスアーバニズム　10+1別冊，INAX出版，pp.268-279，1999.12.

[3] 若山　滋，市川健二，岡島達雄，簡　雅幸：建築構法を表現する形容言語の分析　建築構法のイメージ分析　その1，日本建築学会計画系論文集，No.386，pp.62-69，1988.4.

[4] 若山　滋：「組み立てる文化」の国，文藝春秋，1984.10.

[5] 坂本一成ほか：建築における素材表現の単位とその構造，日本建築学会大会学術講演会梗概集，pp.851-852，1985.10.

[6] 八束はじめ，五十嵐太郎：「日本近代建築史」の中の「日本建築史」，言説としての日本近代建築　10+1，INAX出版，pp.62-76，2000.6.

第 8 章

结论

8.1 本研究的总结

本书从文化的记忆装置——建筑的外观出发，整理、解读了异文化间的意象差异，也就是一直以来凭借直觉来判断的地域及民族的个性紧密相关的特征，并分析探讨了看似微妙实则本质的区别。再以从相似的特征中找出细微且重要的差异为目的，对具有相似特征的中国和日本的传统、近代、现代建筑的外观意象进行了比较。本章将前面各章的内容进行概括，对研究中得到的成果进行简要总结。

第1章 "缘起"，整理了能够表现各地特色的建筑文化的演变过程，给本研究的目的进行了定位，讲述了研究的构成。

第2章 "既往的日本的建筑空间研究" 中，对过去围绕建筑空间的研究进行了文献调研。在建筑空间的心理评价上，明确了以环境心理学为主的形式，至今的研究主要是都市规划相关的建筑群的外部空间及单体的建筑空间，找到了异文化空间相关的研究成果及不足。并明确了空间研究的定义和研究体系，对研究形式做了概述。

第3章 "异文化间的建筑外观意象差异的认识与评价方法" 中，从理论上对异文化间的建筑外观意象及对该意象的认知、评价方法进行了探讨，整理了能够表现异文化建筑特色的要素，并讨论了意象与词语间的关系，模拟了建筑意象的认知过程模型。还提出了以形容词对为基础的阶层构造模型，以及各种有关意象认识的分析、评价方法。具体结果如下。

（1）"材料""构成""空间""装饰"四要素是感觉、认知建筑外观特色时的重要线索。

（2）可以将认知过程设定为从 "表现" 衍生出 "意象"，再到 "评价" 的过程。并与建筑表现相关的 "材料""构成""空间""装饰" 四要素复合化，构筑由各形容词对集合后组成的意象阶层构造模型。

（3）除了常用的SD法、因子分析之外，在意象认知的测定、分析以及评价方法领域开发应用了词语联想法以及多变量分析中的图形化模型分析和典型相关分析法。

（4）利用形容词对的意象阶层构造模型和意象认识的测定、分析和评价方法，提出了在建筑外观特色上异文化间的不同意象的认知、评价方法。

第4章 "中日传统建筑外观意象比较" 中，选择了存在较大差异的中日传统建筑，着眼于建筑外观的意象认知、形成过程，对中日两国大学生进行了心理实验，对影响中国人和日本人各自感知、判断传统建筑风格意象的要素，以及对要素的认知过程进行了比较讨论。讨论结果如下：

（1）中国人感知的日本特色的意象是 "无装饰的""轻快的""自然的""无色彩感的""有材料感的" 等形容词合在一起给人的一种无垢感。

（2）中国人感知的中国特色的意象是"有装饰的""古典的""稳重的""对称的""庄重的""人工的"等形容词合在一起给人的一种庄严感。

（3）日本人感知的日本特色的意象是"无装饰的""无色彩感的""平面的""有序的""朴素的"等形容词合在一起给人的一种透明感。

（4）日本人感知的中国特色的意象是"色彩丰富的""人工的""立体的""豪华的"等形容词合在一起给人的一种存在感。

（5）在建筑外观意象认知、形成的过程中，中日两国人对于本国建筑，都是由"形"到"色"再派生到"部位"，而对于对方国家的建筑，都是由"色"到"形"再派生到"部位"。

（6）运用本书提出的意象阶层构造模型，对中日传统建筑外观意象评价得到，在认识特色时，不管是中国人还是日本人，其综合的评价和判断大致相同，但在进行判断之前，感知各表现层以及意象层内的方法存在较大的差异。

（7）关于感知特色时的差异，图形化模型的分析结果表明，中国人主要关注装饰，而日本人则对空间比较关注。

第5章"中日近代建筑外观意象比较"中，着眼于在特征认知上较混乱的中日近代建筑外观的意象，对日本大学生进行了两个阶段的心理实验。对现代日本人所感知的近代建筑的中国特色及日本特色以及认知过程进行了比较和探讨。具体结果如下：

（1）中日近代建筑的第一意象形容词是在"独特的—平凡的""有趣的—无聊的"等具有整体性评价的形容词对的基础上，由"明亮的—阴暗的""动的—静的""有装饰的—无装饰的"等具有具体性评价的形容词组成。

（2）运用本书提出的意象阶层构造模型，对中日传统建筑外观意象评价结果是在认知中国和日本近代建筑的特色时，在表现层和综合评价层判断上存在差异，但在中间的意象Ⅰ层、意象Ⅱ层则没有较大的差异。

（3）关于感知特色时的差异，图形化模型的分析结果表明，在判断中国特色和日本特色时，对于中国近代建筑主要关注构成，对于日本近代建筑更加在意空间。

第6章"中日现代建筑外观意象比较"中，以比较难以认知特色的身边中日现代建筑为对象，对中日两国大学生进行了心理实验。根据词语、建筑部位及要素对中国人及日本人所感知的中日两国现代建筑外观意象，以及包含其意象在内的中国特色及日本特色进行了比较讨论，具体结果如下：

（1）中日两国大学生都比较喜欢日本建筑并觉得其具有美感，而对中国的现代建筑都相对不关心。

（2）从中日两国心理实验参与者填写的占4%以上的填写的词语、建筑部位及要素来看，根据建筑外观意象所联想到的词语，会因建筑物的不同而有所差异，最高不超过30个（词语）。特色感知的建筑部位及要素也同样，最高不超过20个（部位及要素）。

（3）从意象联想到的词语在中国特色和日本特色的认知上存在着对比关系，对于某些特定词语，会联想其相关国家的风格特征。关于这些特定词语，可以归纳为：

- 中国大学生经常用"呆板""平凡""单调"等来形容中国特色，用"简约""现代感""精致"等来形容日本特色。

- 日本大学生经常用"独特""巨大""古老"等来形容中国特色，用"直线的""简约""冷淡"等来形容日本特色。

（4）当能够感知特色的建筑部位及要素出现相似状况时，会引起几乎相同的意象。中国特色及日本特色会因特定部位及要素的不同被赋予各自的特征。关于特定的部位及要素，可归纳为：

- 中国大学生经常用"白+青绿""退台""顶部造型"等来形容中国特色，用"清水混凝土""板状/墙面""大型玻璃窗"等来形容日本特色。

- 日本大学生经常用"绿色""顶部造型""圆筒"等来形容中国特色，用"直线""方形""玻璃幕墙"等来形容日本特色。

（5）从频数较小的语言及建筑部位及要素来看，在意象认知及包括意象在内的风格认知上具有一定的不明确性及多样性。

第7章"中日建筑外观各时代的风格比较考察"中，将第4章、第5章及第6章中得出的结果进行了整理，使各时代的中日建筑意象更为明晰，显示了建筑意象的变化过程。具体结果如下：

（1）日本传统建筑受到中国很大的影响。近代以来，中日建筑在受到西洋建筑和其他各种因素影响的同时，双方也在互相影响。与其说两国现代建筑在特征认知上存在着混乱，倒不如说在不断地交流过程中，两国各自衍生了具有自身特色的软特征。

（2）从传统、近代及现代，各时代中日建筑风格表达词语的共通性来看，中国建筑的意象特征多为区别于周边环境的存在感，日本建筑的意象特征多为融入周边环境的透明感。

（3）传统建筑风格反映在现代人日常生活中接触的熟悉的传统文化及技术，因此中国特色和日本特色容易区分，而现代建筑则通过传统的气氛、细节的放大和特写加以感受。

（4）在历史长河中，表现建筑特性的要素持续沉淀、堆积。整理这些要素并将其数据化，是发现各国建筑外观意象特征及风格的关键。

通过以上的研究，成功提取出了中日建筑外观意象特征以及中日两国的特色差异，在明确了表现地域及民族个性的不同文化间意象的本质差异的同时，针对那些难以发现差异的对象提出了一种分析评估方法，尝试构建各地域和国家的个性。

8.2　今后的课题

今后的建筑设计将是具有不同国籍、不同文化的建筑师相互合作，汲取以人为本的思想和新的创造力，在各个国家和地区设计出各种新的建筑，并通过建筑意象达到建筑师的设计和地域文化的完美融合。

本书致力于将一直处于"黑箱操作"的建筑意象的抽象化过程进行表象化，并加以符号化。试图在一定程度上通过二维的意象表现生动的三维建筑。但这仅仅是单方向的路径，从二维意象向三维建筑设计的转化还尚未明确。

各国建筑的特征，即不同建筑间的差异，主要是由通过能够看到的建筑外观来体现形态要素构成的差异引起的。因此，原则上要对构成要素的类型进行分类，并了解各自的特性，就可以明确建筑意象的特征。

作为今后的课题需要对认知特征的建筑形态构成要素进行整理并类型化，关联本书提出的从词语的角度捕捉建筑意象对应要素，提出二维意象和三维建筑设计之间互通的转化方式，也就是"造型语言模型"的构建以及系统的意象认知理论。"造型语言模型"的构建以及系统的意象认知理论不仅运用到中日建筑，也可用于表现世界各地文化的各种建筑。通过调整，期待可以对实际的设计起到促进作用。